Lunettes et télescopes

mode d'emploi

MULTIGUIDES astronomie

Lunettes et télescopes

mode d'emploi

Jean LACROUX

Denis BERTHIER

BORDAS

L'éditeur tient à remercier Christophe Lehénaff, responsable de la librairie de la Maison de l'Astronomie, pour sa participation à la mise à jour de cet ouvrage, et à la rédaction du chapitre « Informatique et astronomie ».

Direction éditoriale
Catherine DELPRAT

Direction artistique
Emmanuel CHASPOUL, assisté de Martine DEBRAIS

Édition
Valérie HERMAN, Roselyne MESSAGER, assistées de Marie SCHIERANO

Lecture-correction
Annick VALADE, assistée de Monique BAGAÏNI, Henri GOLDSZAL, Jacques BARBAUT

Fabrication
Isabelle GOULHOT

Conception de maquette et mise en page
Abigail NUNES, assistée de Danièle HEFES, Laeticia PINSON

Dessins et cartes
Laurent BLONDEL

Couverture
Olivier CALDÉRON

ISBN : 2-04-760010-3
Dépôt légal : mai 2000

Sommaire

Avertissement au lecteur

Les astrophiles seraient beaucoup plus de 100 000 en France, ce qui prouve que le ciel n'appartient pas seulement aux scientifiques mais à tout le monde. Chaque nuit, des milliers d'amateurs de tous âges observent et photographient les astres pour leur seul plaisir. Avec de la curiosité, beaucoup de patience et un minimum de savoir-faire, vous pouvez comme eux devenir reporters du ciel.

Sans doute vous posez-vous les questions habituelles : quels astres observer ? Comment les photographier et avec quel matériel ? Où et quand ? Utilisateur d'une lunette ou d'un télescope, vous trouverez dans ce Multiguide Bordas un mode d'emploi original adapté à votre instrument sur les cibles célestes que nous vous proposons. Des recettes pratiques vous sont indiquées pour faciliter vos débuts d'astronome.

Vous prendrez d'abord des photos surprenantes avec un simple 24 x 36, puis vous utiliserez un outil prodigieux : l'équatorial-planchette, que vous construirez vous-même. Après vous être initié aux astuces de la mise en station d'une monture équatoriale, vous apprendrez à moduler la focale de votre télescope puis à utiliser votre instrument comme visueur-guide dans la technique du piggy-back. Le « ciel profond » est aussi le domaine des amateurs chevronnés.

Chaque observateur, même modestement équipé, peut ainsi vivre la fabuleuse aventure de l'exploration de l'Univers étoilé. En cela, rien ne vaut l'expérience personnelle : les découvertes les plus importantes seront celles que vous ferez avec votre petit télescope.

Les objets célestes sont à la portée de votre appareil photo et chaque nuit vous offre un spectacle renouvelé. Une vie entière ne suffirait pas à visiter toutes ces merveilles et la réalité cosmique est encore plus fascinante que la science-fiction. Une seule condition pour y accéder : levez les yeux et braquez votre télescope vers le ciel pour l'interroger. « Faire de l'astronomie », c'est cela…

Jean Lacroux
Denis Berthier

L'OBSERVATION ET L'UTILISATION DU MATÉRIEL

L'astronomie d'amateur est un loisir passionnant et en plein développement. N'avez-vous jamais rêvé de survoler les cratères lunaires ou d'entrevoir à l'oculaire les merveilleux anneaux de Saturne ? Mais quel instrument allez-vous choisir pour débuter ? Une petite lunette azimutale ou un gros télescope équatorial ? Pour la ville ou la campagne ? Et quel est votre budget ? En feuilletant le catalogue d'un revendeur d'instruments, vous serez surpris de l'offre impressionnante des différents modèles proposés. Surpris et embarrassé... Les pages qui suivent vous aideront dans votre choix en détaillant le fonctionnement et les performances de chaque type d'instrument, selon son diamètre et sa monture. Et n'oubliez pas d'acquérir une bonne paire de jumelles 10 x 50, indispensables pour découvrir le « ciel profond ».

Les outils de l'astronome

L'œil, instrument fondamental de l'astronome, doit être assisté et prolongé par des outils inventés pour scruter le ciel. Lunettes et télescopes servent à recueillir davantage de lumière et à montrer de fins détails sur les objets célestes. Comment fonctionnent-ils et quel instrument choisir ?

On ignore qui fut réellement l'inventeur de la lunette astronomique : on peut penser que ce fut peut-être, vers 1590, l'Italien Porta. Galilée, professeur à l'université de Pise, aurait « retrouvé » ou réinventé la « lunette d'approche » d'après une description des lunettes hollandaises colportées par les marchands ambulants. On n'est pas certain non plus qu'il fut le premier à la braquer sur le ciel en 1609, mais il décrivit et expliqua ce qu'aucun homme n'avait vu avant lui..

La surface de la Lune lui parut montagneuse, Vénus présentait des phases comme la Lune, le Soleil avait des taches et tournait sur lui-même, quatre lunes orbitaient autour de Jupiter... Mieux encore : sa première longue-vue, qui ne grossissait qu'une dizaine de fois, lui montrait d'innombrables étoiles dans la Voie lactée. L'invisible devenait réellement perceptible.

Galilée utilisait une lunette dont l'oculaire était biconcave comme des verres de myope. Newton eut l'idée d'utiliser un miroir concave en bronze fixé au fond d'un tube, pour collecter la lumière des astres. Il construisit ainsi en 1671 le premier télescope réflecteur, ancêtre des grands télescopes modernes. L'optique astronomique était née.

Petit héliomètre du XVIIIe siècle. Cette lunette servait à faire des mesures du diamètre apparent du Soleil ou de la Lune.

Des jumelles sont indispensables

Nous possédons tous des jumelles. Mais qui pense à les diriger vers le ciel ? C'est pourtant l'instrument idéal pour l'étude des objets pâles et diffus et l'observation des comètes. La « fouille du ciel » est son domaine. Les jumelles sont donc indispensables à l'astronome amateur. Vous choisirez plutôt des 7 x 50, 10 x 50, 9 x 63, 12 x 80... très lumineuses et dont la pupille de sortie est proche de 7 mm.

Évitez les jumelles à zoom et les forts grossissements. Si vos jumelles sont grosses et lourdes, utilisez un support pour observer sans fatigue et sans tremblement d'image. Les maisons spécialisées vous fourniront un accessoire qui vous permettra de les fixer sur un trépied photographique robuste que vous pourrez monter jusqu'à la hauteur de vos yeux.

À quoi sert une lunette ou un télescope ?

Un instrument d'observation astronomique a deux fonctions très différentes :

- collecter le plus de lumière possible,
- agrandir l'image de l'objet visé pour mieux la détailler.

La première fonction est la plus importante parce que la clarté de l'instrument est un critère plus déterminant que le grossissement maximal théorique. Faut-il rappeler que les fortes amplifications sont rarement employées ?

Détailler l'image de l'objet visé signifie chercher à en apercevoir les plus fins détails possibles grâce au « pouvoir résolvant » ou « pouvoir séparateur » de l'instrument. Plus le diamètre de l'instrument augmente, plus ce pouvoir augmente.

Si la pupille de votre œil s'ouvre jusqu'à 6 mm de diamètre dans l'obscurité, sa surface est alors de 28 mm^2. La surface du miroir d'un petit télescope de 100 mm de diamètre est de 7 850 mm^2. Divisez 7 850 par 28, vous trouvez 280… Cet instrument admet donc 280 fois plus de lumière que votre œil dans l'obscurité. Voilà pourquoi il peut vous montrer des étoiles invisibles à l'œil nu.

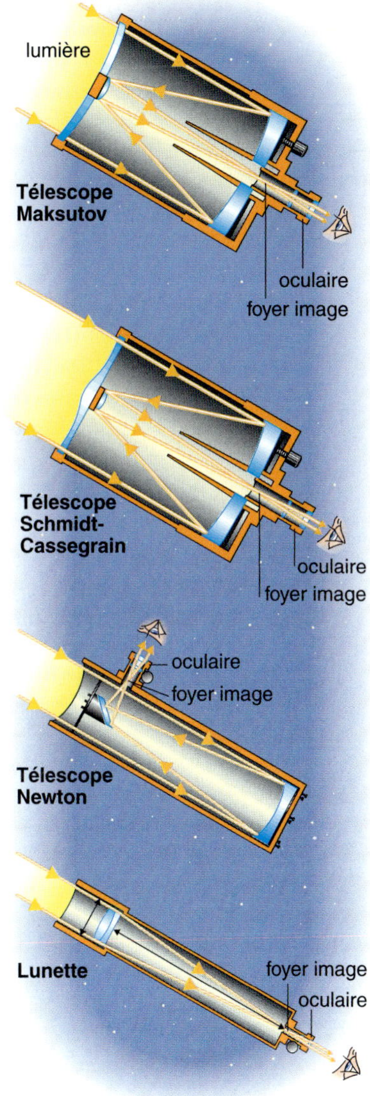

Les différents types d'instruments astronomiques couramment commercialisés.

Quel que soit le diamètre de votre télescope, celui-ci ne pourra jamais être comparé à un instrument d'observatoire, dont l'ouverture se mesure en mètres. Souvenez-vous toujours que plus le grossissement d'un instrument augmente, plus son utilisation devient délicate.

Il n'existe en réalité que deux sortes d'instruments astronomiques : les lunettes et les télescopes. Quant aux jumelles, ce ne sont que des lunettes raccourcies par un système de prismes. Un chercheur est aussi une petite lunette.

Dans les deux instruments, le principe est le même : une pièce optique principale appelée « objectif » fait converger la lumière des astres en son foyer, où elle forme une image qu'on peut photographier. Cette image est finalement grossie par une loupe qu'on appelle « oculaire » parce que l'œil regarde à travers.

Dans une lunette, l'objectif est une lentille biconvexe, c'est-à-dire un verre (ou un système de verres) convergent, qui est traversée par la lumière. Au contraire, dans un télescope, l'objectif est un miroir concave (légèrement creux) qui focalise la lumière en la réfléchissant. Une lunette est donc un instrument réfracteur tandis qu'un télescope est un réflecteur. L'oculaire est une loupe composée de plusieurs lentilles à travers lesquelles l'œil examine l'image formée par l'objectif.

Lunette ou télescope ?

Si vous n'avez jamais observé les astres, achetez plutôt une lunette après avoir fouillé le ciel avec une paire de jumelles. La progression normale consiste à passer de l'observation avec une lunette à l'acquisition d'un télescope. Mais votre choix dépend de nombreux facteurs personnels : âge, budget, site, genre d'observations et possibilités de transport. Le budget, hélas, conditionne le plus souvent le premier et le second achat. Un gros télescope sur la terrasse d'un immeuble urbain ne sera jamais utilisé jusqu'à ses possibilités extrêmes et, si vous n'observez que cinq ou six fois par mois de votre fenêtre, une lunette courte de 70 mm de diamètre pourrait combler vos désirs pour une dépense justifiée.

Réglages et vérifications

Mais attention ! les télescopes se dérèglent tous peu à peu, surtout si vous les emportez souvent en week-end. Vous verrez parfois les étoiles agrémentées d'ailes delta… Consultez alors la notice fournie avec l'instrument : il est souvent assez facile de rectifier soi-même ces anomalies. Le réglage se fait toujours sur une étoile brillante. Quant aux lunettes, elles se dérèglent moins facilement que les télescopes, sauf en cas de choc, mais il vaut mieux les faire revoir par le vendeur. Voilà pourquoi nous vous conseillons d'acheter votre instrument dans un magasin spécialisé pouvant assurer le service après-vente.

Lunette ou télescope, votre instrument doit être vérifié sur deux points : la qualité optique et la stabilité de sa monture. Nous en reparlerons au chapitre intitulé « Les performances réelles d'un instrument ».

Le système du télescope

Toutes les lunettes astronomiques sont construites selon le même principe : un objectif à l'avant et un oculaire à l'arrière ; entre les deux, un tube vide !... En revanche, il existe plusieurs types de télescope. Ce qu'ils ont en commun, c'est que le miroir principal se situe toujours à l'arrière au fond du tube. Mais l'image qu'il forme peut être observée par l'oculaire de plusieurs façons et en différents endroits, après réflexion sur un miroir secondaire plus petit.

Le montage le plus simple a été imaginé par Newton : un petit miroir plan incliné à 45°, placé à l'entrée du tube, renvoie à angle droit le faisceau lumineux formant l'image à observer. Ce miroir secondaire empêche légèrement l'admission de la lumière dans le tube. On dit qu'il y a « obstruction ». Celle-ci est faible (de l'ordre de 1/15) et ne gêne pratiquement pas les observations.

Autre montage : le Cassegrain. Son miroir secondaire est convexe et renvoie les rayons en arrière à travers un trou percé au centre du miroir principal. C'est là que se trouve le porte-oculaire. L'image est examinée comme dans une lunette.

Mais l'optique progresse toujours et, en 1931, Bernard Schmidt construisit un télescope avec un miroir sphérique à l'arrière et une lame correctrice à l'avant du tube. Cette lame compense les déformations des images produites par le miroir principal. Ce système est exclusivement utilisé pour prendre des clichés astronomiques à grand champ.

Vous trouverez dans le commerce des télescopes encore plus perfectionnés

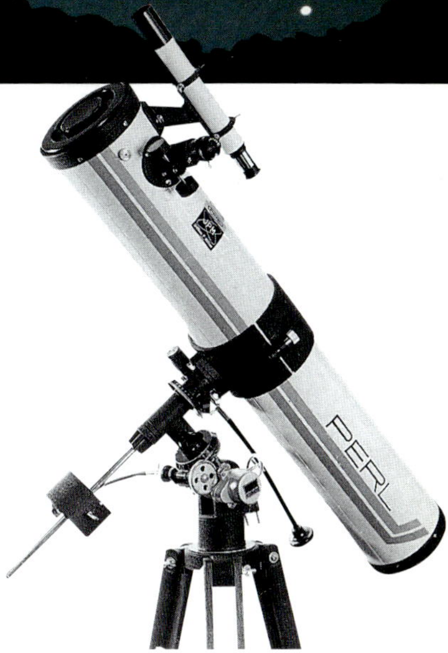

Télescope 115/900 de type Newton. C'est l'instrument typique du débutant.

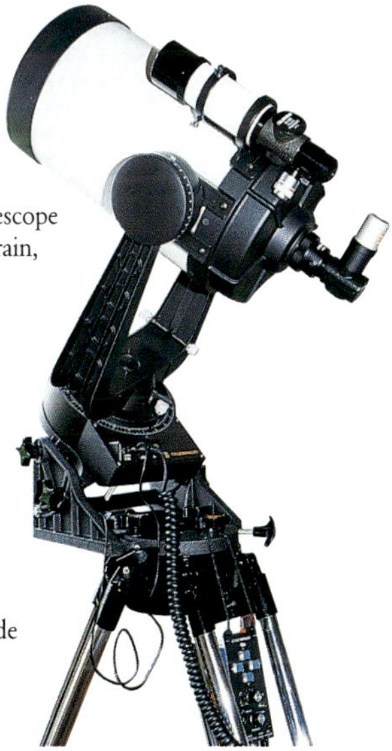

Le populaire télescope Schmidt-Cassegrain, d'origine américaine. Diamètre : 203 mm. Focale : 2 000 mm. Longueur réelle du tube : 40 cm. En version Newton, un tel instrument mesurerait 2 m de long !

combinant les deux systèmes précédents. Ce sont des Schmidt-Cassegrain, dont les plus répandus sont fabriqués par les Américains. Convenant aussi bien aux observations visuelles qu'à la prise de clichés, ils sont très appréciés par les amateurs « branchés ».

Une lunette minibudget

Les opticiens de quartier présentent souvent, en bas de gamme, des longues-vues sur pied « de table » qu'on peut diriger vers le ciel. Leur grossissement est de l'ordre de 20 à 30 fois, mais leur qualité est médiocre.

Une véritable lunette astronomique doit présenter au moins un diamètre de 50 mm et produire des images renversées. Il est possible qu'elle soit équipée d'un chercheur mais il est inutile qu'elle soit montée en équatorial si son diamètre est inférieur à 60 mm. Elle peut être employée comme lunette terrestre si, parmi ses accessoires, figure un redresseur. Les filtres sont inutiles, mais l'écran solaire est nécessaire pour observer le Soleil par projection. Une telle lunette est un merveilleux outil pour une première initiation au ciel.

Chez ces mêmes opticiens, vous trouverez d'autres lunettes de 60 mm et plus. Leur monture est équatoriale, luxe inutile car elles ne permettent pas les « clichés posés » et, pour l'observation visuelle, elles ne grossissent pas suffisamment. Leur prix plus élevé s'explique par l'adjonction de nombreux accessoires qu'il vaudrait mieux acquérir séparément (lentille de Barlow, renvoi coudé, redresseur, filtres). Deux oculaires au moins sont indispensables.

Un excellent instrument pour débuter : la fameuse lunette de 52 mm des astronomes en culottes courtes !

En revanche, au-dessus de 80 mm de diamètre, une monture équatoriale est tout à fait justifiée.

Toutes ces lunettes sont conçues pour recevoir un appareil photo que l'on y adapte avec une bague de raccord, mais les poses assez longues ne sont pas toujours réalisables à cause des défauts de la monture et de la faible luminosité du système optique (entre f/12 et f/15). Clichés possibles de la Lune, du Soleil, éventuellement de Jupiter et de Vénus pour lesquels des poses courtes suffisent.

Vous voyez que ces lunettes, vendues à un prix assez accessible, peuvent combler les attentes et les premiers rêves d'un passionné du ciel. Un télescope de

Comment choisir votre premier instrument ?

• N'achetez pas une longue-vue montée sur pied « de table » : son objectif n'a pas la qualité astronomique.
• Si votre budget est modeste, choisissez une lunette azimutale de 50 ou 60 mm, ou une lunette courte de 70 mm.
• N'achetez rien « en promotion » ou en solde dans un grand magasin et méfiez-vous des publicités tapageuses annonçant de forts grossissements. Ce n'est pas le critère de choix primordial.
• Si vous désirez vous lancer dans l'astrophoto, achetez un télescope de 130 ou 150 mm de diamètre ou, mieux, un Schmidt-Cassegrain de 200 mm.

La lunette Takahashi à objectif en fluorine de 102 mm de diamètre constitue déjà un instrument sérieux pour l'étude du ciel.

100 à 200 mm constituera la seconde étape et permettra la prise de clichés du ciel profond.

Acheter ou construire ?

Aucun télescope puissant n'est vendu dans le commerce à un prix abordable. L'amateur est donc souvent tenté de construire lui-même un instrument de 150 à 200 mm de diamètre. Il existe quelques ouvrages permettant de mener à bien une telle entreprise : consultez la bibliographie en fin d'ouvrage. Si vous êtes peu fortuné et très bricoleur, vous pouvez tenter l'aventure en taillant vous-même le miroir et en fabriquant le tube de la monture d'un télescope newtonien. Vous aurez alors à votre disposition un instrument dont le rapport qualité/prix sera de loin supérieur à tout ce qui existe sur le marché. Une solution intermédiaire consiste à fabriquer un

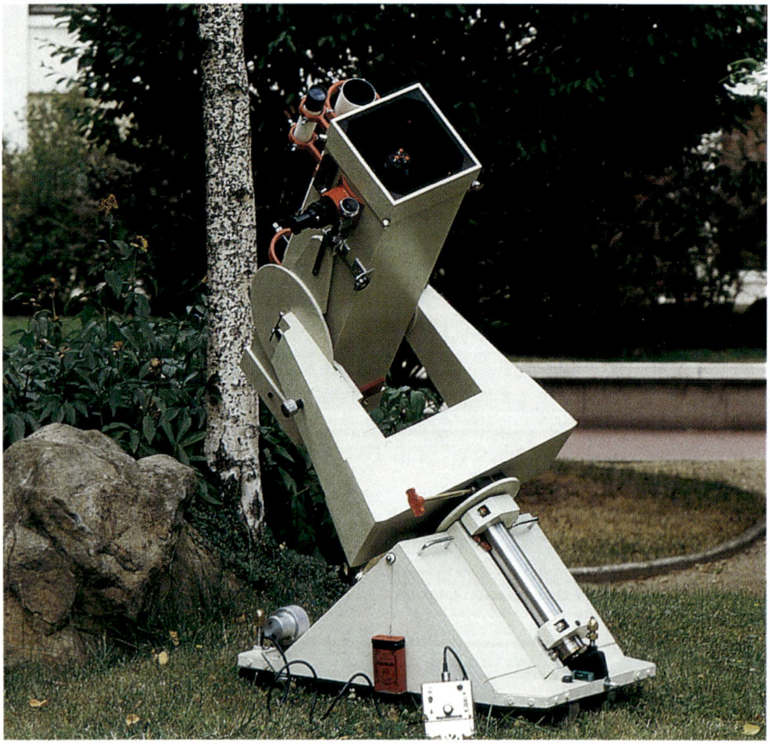

Télescope équatorial à fourche construit par Denis Berthier. Diamètre : 152 mm ; focale : 760 mm ; poids : 40 kg.

tube optique que vous adapterez à une monture du commerce. Mais dans ce cas, l'économie est moins évidente.

Pour commencer, offrez-vous une petite lunette de 52 à 60 mm, et lorsque vous l'aurez exploitée pendant deux ou trois ans ou plus, construisez-vous un télescope d'au moins 200 mm de diamètre. Ou bien... faites des économies !

Le même instrument que celui de la page 16, mais le tube optique est ici adapté à une monture du type Dobson. L'instrument ne pèse plus que... 12 kg.

Le Dobson imbattable

Un type d'instrument très répandu outre-Atlantique est le télescope qui porte le nom de son inventeur, John Dobson. Imaginez un tube optique de télescope Newton posé sur une boîte carrée qui pivote elle-même sur un socle. Impossible de faire plus simple... Comme disent les Américains : « Le meilleur instrument pour votre dollar ! » Malheureusement, ce télescope n'est pas encore importé en France. Il est pourtant d'une grande simplicité de construction, et il n'est pas rare de voir publier les plans d'une réalisation d'amateur dans certaines revues d'astronomie. Signalons que cet instrument n'est utilisable que pour l'observation et ne permet pas la photographie astronomique. C'est le télescope à la fois le plus simple, le plus puissant et le moins cher que l'on puisse imaginer.

Premières armes avec un instrument

Vous venez d'acquérir une lunette ou un télescope. Le meilleur apprentissage consiste à commencer à vous en servir « sur le ciel », l'œil rivé à l'oculaire.

Vous avez trouvé un manuel d'utilisation dans le coffret d'emballage de votre instrument. Lisez-le avant de monter l'appareil, puis étudiez les différents réglages, la mise en station et les conseils pour l'utilisation. Les notices actuelles sont plus ou moins bien conçues, et souvent trop compliquées pour le débutant.

Nous insisterons simplement sur quelques points importants pour la meilleure utilisation de votre lunette ou de votre télescope.

Une lunette astronomique, c'est un tube vide fermé aux deux bouts ; à l'un, une grosse lentille tournée vers l'objet à observer : l'objectif ; à l'autre, une petite lentille où l'œil regarde : l'oculaire. Entre les deux, rien ! Un système à crémaillère permet de rapprocher ou d'éloigner l'oculaire de l'objectif pour réaliser la mise au point.

L'oculaire se change à volonté. On appelle « champ » la région du ciel vue dans l'instrument. Plus l'oculaire est puissant, plus le champ se réduit. Plus loin dans l'ouvrage, nous apprendrons à mesurer le champ de chaque oculaire.

Pour un débutant, le plus difficile est de placer l'astre désiré dans le champ, puis de faire la mise au point pour l'observer. Nous allons envisager le cas le plus simple : celui d'une petite lunette.

Une lunette courte de 70 mm de diamètre, compacte et facilement transportable, idéale pour l'observateur occasionnel. Longueur : 40 cm.

Apprenez à pointer

Pointer, c'est viser juste, et c'est la première étape absolument obligatoire en astronomie. Vous constaterez vite que ce n'est pas toujours commode dans l'obscurité. Dirigez votre lunette vers l'astre choisi en visant le long du tube comme vous le feriez avec un fusil. Entraînez-

Comment voit-on dans un instrument ? En 1, l'image est droite (conforme à la vision à l'œil nu ou aux jumelles). En 2, image vue dans une lunette ou un télescope (inversée nord/sud et est/ouest). En 3, image inversée (est/ouest) vue dans une lunette munie d'un renvoi coudé.

vous en plein jour sur des mires terrestres assez petites (par exemple une antenne de télévision très éloignée).

Il est toujours facile de placer la Lune dans le champ, mais si vous pointez une étoile avec une lunette sans chercheur, le mieux est d'utiliser l'oculaire faible qui présente le plus grand champ. Après avoir placé l'astre au centre du champ, vous pourrez enlever doucement cet oculaire pour le remplacer aussitôt par un autre plus puissant.

L'usage du chercheur facilite beaucoup le pointage des objets. Rappelons que le chercheur est une minilunette auxiliaire à faible grossissement et à grand champ, qui permet d'approcher plus facilement le pointage de l'objet à observer.

L'axe optique du chercheur doit être exactement parallèle à l'axe optique de l'instrument. Pour le régler, visez et centrez un objet lointain, par exemple un pylône, avec la lunette équipée de l'oculaire faible. Immobilisez les commandes et, en jouant sur les trois vis de réglage du chercheur, amenez la pointe du pylône à la croisée des fils du réticule. Vérifiez à nouveau dans la lunette si l'objet est toujours bien centré. Bloquez alors le chercheur avec les vis de réglage. Opérez toujours en jouant sur deux des trois vis à la fois. Vissez l'une pendant que vous desserrez l'autre.

Pour plus de précision, recommencez le processus avec l'oculaire le plus fort. Répétez de temps en temps cette opération, car même les meilleurs instruments se dérèglent.

La tête en bas, la gauche à droite

Attention ! une lunette renverse les objets ; son chercheur aussi, d'ailleurs… quand vous observez un clocher, vous le voyez la pointe en bas et la gauche à droite. En visant la Lune deux ou trois jours avant le Premier Quartier, vous constaterez que les cornes semblent tournées vers la droite et que le bord droit circulaire du limbe (bord lumineux de l'astre) est passé à gauche. Rien de plus naturel : l'objectif fournit une image renversée des objets visés, et l'oculaire, en grossissant cette image comme le ferait une loupe, maintient ce renversement optique. Quand vous essayez de rectifier le pointé d'une lunette vers un astre, il faut légèrement modifier l'orientation du tube avec les commandes de mouvement lent. Simple affaire d'habitude : entraînez-vous à exécuter le mouvement inverse de celui que vous feriez avec une paire de jumelles braquées vers le même astre.

Un télescope de Newton est un cas particulier parce que son tube peut tourner sur lui-même pour améliorer la commodité d'observation. Le porte-oculaire peut donc prendre diverses orientations par rapport à la ligne d'horizon, changeant du même coup le sens de l'image observée. Pour vous en rendre compte et mieux comprendre ce qui se passe, faites un essai de jour sur le côté droit du tube, puis à gauche, au-dessus puis au-dessous, toujours en surveillant l'objet que vous verrez pivoter au centre du champ.

La nuit, pour vous éviter des erreurs d'orientation, pointez simplement une étoile assez éloignée du pôle céleste et arrêtez le moteur d'entraînement ; vous verrez l'étoile défiler lentement dans le champ, dans la direction de l'ouest. Par déduction, vous trouverez l'est, puis le nord et le sud.

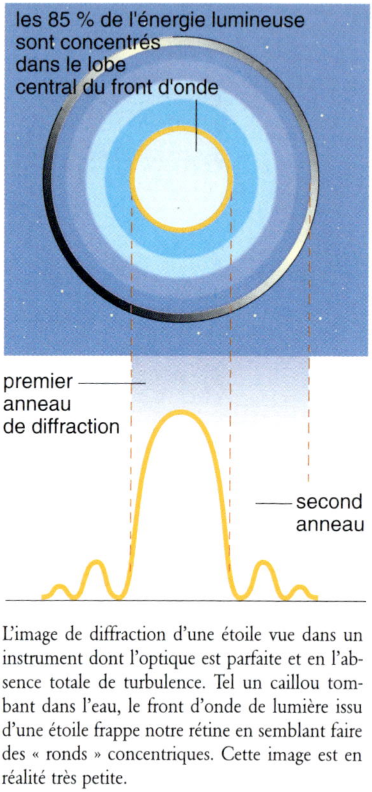

L'image de diffraction d'une étoile vue dans un instrument dont l'optique est parfaite et en l'absence totale de turbulence. Tel un caillou tombant dans l'eau, le front d'onde de lumière issu d'une étoile frappe notre rétine en semblant faire des « ronds » concentriques. Cette image est en réalité très petite.

Soignez la mise au point

Première condition indispensable pour bien observer : des images nettes au centre du champ. Exercez-vous d'abord à mettre au point en plein jour sur des objets familiers éloignés. Procédez lentement et plusieurs fois de suite en tournant doucement la molette de mise au point. Approchez suffisamment votre œil du « trou » pour découvrir la totalité du cercle délimitant le champ.

La mise au point varie légèrement d'un observateur à l'autre : par rapport au réglage pour une vue normale, un hypermétrope devra éloigner l'oculaire de l'objectif tandis qu'un myope rapprochera les deux optiques. Si vous portez des lunettes, enlevez-les pour réaliser une mise au point adaptée à votre vue, mais gardez-les si vous êtes astigmate.

a) Différence de champ apparent. L'image est de la même dimension, mais à droite, le contour est plus petit.

Oculaire de 25 mm. 50° de champ apparent. Oculaire de 25 mm. 30° de champ apparent.

35° de champ apparent
Gr : 200 x

35° de champ apparent
Gr : 130 x

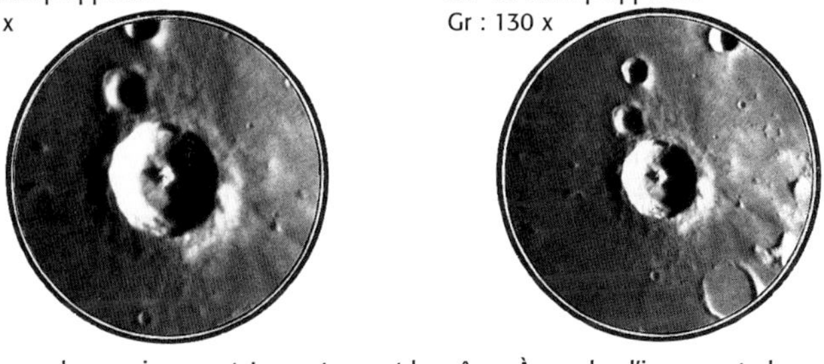

b) Différence de grossissement. Le contour est le même. À gauche, l'image est plus grosse, le champ apparent est identique, et le champ réel est plus petit.

Ne confondez pas champ apparent et grossissement. Deux oculaires peuvent offrir le même grossissement et un champ apparent très différent (a). Deux oculaires de puissance différente peuvent offrir le même champ apparent (b).

La mise au point d'un réglage n'est jamais stable, elle est perturbée de minute en minute en fonction de la température ambiante et de l'état de la turbulence atmosphérique : n'oubliez pas de la rectifier périodiquement. Corriger la mise au point doit devenir pour vous un réflexe conditionné.

Piège du grossissement

La puissance d'un instrument dépend essentiellement du diamètre de son objectif… mais il faut savoir que plus l'amplification augmente, plus l'image devient sombre et floue.

Pour connaître le grossissement correspondant au rendement normal d'une lunette, utilisée dans des conditions atmosphériques satisfaisantes, multipliez par le coefficient 1,2 le diamètre de son objectif exprimé en millimètres. Exemple : une lunette de 60 mm « travaille » fort bien avec un grossissement de 70 à 75 fois (60 x 1,2). Exceptionnellement, quand la turbulence est faible, on peut forcer jusqu'à 150 fois (coefficient 2,5 ; 60 x 2,5 = 150).

Plus le grossissement augmente, plus l'utilisation de l'instrument devient difficile. Mieux vaut une image petite et bien « piquée » qu'une grosse image floue et sans contraste. Méfiez-vous donc des grossissements très importants annoncés sur certains catalogues : ils sont inintéressants.

Équipez votre instrument d'un jeu d'oculaires. Trois au moins sont indispensables.

Qu'est-ce qu'un oculaire ?

C'est une simple loupe composée formant l'image que vous observez. Un oculaire comprend généralement deux, trois ou quatre lentilles assez rapprochées, dont la combinaison permet d'obtenir un champ aussi grand que possible. En général, ce sont des lentilles plan-convexes séparées par un diaphragme, les faces convexes étant l'une en face de l'autre.

Les oculaires astronomiques comportent deux types de lentilles :

• un verre (ou un système) de champ, le plus large possible, recevant le faisceau lumineux provenant de l'objectif,

• un verre (ou un système) d'œil, souvent de faible diamètre, formant le système grossissant.

Le grossissement selon l'oculaire

Vous connaissez la longueur focale de votre objectif ; celle d'un oculaire est gravée sur sa propre monture. Pour calculer le grossissement, divisez la longueur focale de l'objectif par celle de l'oculaire, les deux longueurs étant exprimées en millimètres. La formule est la suivante :

$$G = \frac{\text{longueur focale de l'objectif}}{\text{longueur focale de l'oculaire}}$$

Exemple : utilisé avec un miroir de 900 mm de longueur focale, un oculaire de 9 mm grossit :

900 : 9 = 100 fois.

Le même oculaire utilisé avec un miroir de Schmidt-Cassegrain de 2 000 mm grossira :

2 000 : 9 = 222 fois.

La longueur focale d'un oculaire est toujours courte (de 3 à 50 mm). Les oculaires les plus courts sont les plus puissants. Leur diamètre standard est de 24,5 mm (japonais) ou de 31,7 mm (américain), voire de 50,8 mm (américain) pour le plus gros standard disponible en astronomie d'amateur. Il existe des bagues d'adaptation permettant de passer d'un calibre à l'autre.

Quand les lentilles sont de petites dimensions (de 3 à 6 mm de diamètre), l'observation n'est jamais très commode parce que l'œil éprouve toujours des difficultés à se centrer.

Améliorez votre gamme d'oculaires

La finesse de l'image observée dépend en grande partie de la qualité de l'oculaire utilisé. Les instruments courants sont souvent livrés avec deux ou trois oculaires de qualité moyenne. Vous avez intérêt à les compléter ou à les remplacer par d'autres plus performants.

Les meilleurs oculaires sont les orthoscopiques ou, mieux, ceux du type Plössl. La performance des oculaires dépend de leur construction optique : un Plössl Meade 3000 de 40 mm de focale est de qualité moyenne et coûte 650 F, tandis qu'un Nagler de 4,8 mm d'excellente qualité coûte 2 000 F ! Il est donc conseillé de bien se renseigner auprès de son fournisseur car un très bon oculaire peut littéralement magnifier un instrument.

Généralement, trois oculaires peuvent suffire à couvrir les besoins de l'astronome amateur :

• un oculaire faible à très grand champ, grossissant de 3 à 4 fois par centimètre d'ouverture de l'objectif ; idéal pour les nébulosités et les objets faibles et diffus ;
• un oculaire moyen, grossissant de 10 à 12 fois par centimètre d'ouverture ; convient aux planètes et aux amas stellaires ;
• un oculaire fort, grossissant de 18 à 20 fois par centimètre d'ouverture ; excellent pour les étoiles doubles serrées, c'est un « oculaire de vérification », mais ne comptez pas sur lui pour découvrir de nouveaux détails sur un disque planétaire.

Éventuellement, vous pourriez disposer d'un oculaire très fort, utilisable uniquement lorsque les conditions atmosphériques sont très favorables. Il grossirait 24 à 25 fois par centimètre d'ouverture de l'objectif.

Tout coefficient supérieur à 25 est illusoire.

Exemple : avec un télescope de 115/900, il est recommandé de disposer de trois oculaires :
• faible, grossissant
11,5 x 4 = 46 fois,
• moyen, grossissant
11,5 x 10 = 115 fois,
• fort, grossissant
11,5 x 18 = 207 fois.

À quoi sert une lentille de Barlow ?

Cet accessoire est souvent fourni avec l'instrument. Une lentille de Barlow double ou parfois triple la longueur focale de

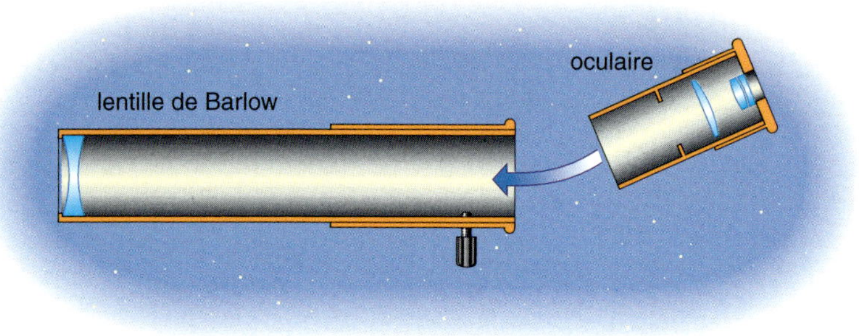

Principe d'une lentille de Barlow. En doublant la focale de l'objectif, elle double le grossissement d'un oculaire donné. Certaines Barlow triplent ce grossissement.

l'objectif, et donc aussi le grossissement de l'oculaire utilisé, mais elle absorbe beaucoup de lumière et ajoute des imperfections au système optique. Elle ne montre pas de détails supplémentaires avec les oculaires de courte focale. Bien que son utilisation soit déconseillée avec ces oculaires forts, une Barlow de haute qualité est en revanche très précieuse en astrophotographie.

Premier coup d'œil dans un télescope

La première fois que vous mettrez l'œil à l'oculaire, vous n'apercevrez pas les très nombreux détails que votre instrument peut montrer. Il faut savoir placer l'œil bien centré sur l'axe optique, apprendre à mettre exactement au point en gardant l'œil à la distance convenable.

Quand vous observez unc planète, n'oubliez pas que votre instrument grossit en même temps les troubles de l'atmosphère le long du faisceau lumineux : ondulations, vagues d'air et bouillonnements. Certaines nuits, toutes les images sont floues et agitées, la mise au point est impossible : vous ne verrez rien sur une surface planétaire et pas grand-chose sur la Lune. Armez-vous de patience, car il est impossible d'y voir mieux, sauf à monter en altitude si vous habitez à la montagne. En ville, on obtient de très bonnes images sans turbulence, et même assez bas au-dessus de l'horizon, du fait de l'effet de cloche thermique dû à la pollution.

Première constatation en observant une planète : son image semble toute petite dans le champ de l'oculaire. On vous a dit que Jupiter, vu dans une lunette grossissant 40 fois, apparaît du même diamètre que la Lune à l'œil nu. Mettez l'œil à l'oculaire : au lieu du globe énorme que vous imaginiez, vous n'apercevez qu'un tout petit disque, presque sans aucun détail perceptible. Une « grosse Lune » dans le ciel n'est qu'une illusion : son diamètre apparent est le même que celui d'une pièce de cinquante centimes vue à deux mètres... Savez-vous que l'extrémité de votre petit doigt au bout du bras tendu suffit largement à éclipser la Pleine Lune ?

C'est sur ce disque planétaire minuscule qu'il faut maintenant apprendre à distinguer quelques fins détails. Quand vous serez bien entraîné, vous les saisirez au vol pendant de courts instants presque sans turbulence, entre des séquences où les images sont moins bonnes. Un œil exercé est alors capable d'intégrer plusieurs images nettes et de les mémoriser.

Il faut apprendre aux enfants que s'ils tirent souvent le tube vers eux, ils provoquent un dépointage ; s'ils regardent horizontalement, ou s'ils se tiennent trop en arrière de l'oculaire, ils perdent presque tout le champ. S'ils clignent de l'œil inutilisé, ils nuisent à la vision de l'œil utile... Il faut les habituer à observer avec les deux yeux ouverts.

Vous apprendrez aux jeunes débutants la bonne manière de mettre au point : procéder par approches successives en dépassant le meilleur foyer dans les deux sens, suivant des intervalles de plus en plus resserrés, afin d'obtenir une image nette sans obliger l'œil à une accommodation fatigante. Mais attention ! la turbulence fait onduler les images et déplace légèrement le foyer. De temps en temps, il faut corriger la mise au point.

Petites astuces pour mieux y voir

Pour un débutant, le plus difficile est de centrer l'œil qui a la meilleure vision tout près de l'oculaire, en orientant le regard dans la direction de l'axe du tube. Il faut découvrir en entier le cercle du diaphragme, bordé de noir absolu. C'est une position souvent pénible à garder... lorsqu'elle dure trop longtemps.

Essayez de tirer le maximum d'un coup d'œil rapide. Si l'œil qui observe se fatigue, fermez-le pendant quelques instants puis rouvrez-le devant l'oculaire. Quand vous fixez un objet faible et diffus, il semble pâlir. Alors regardez légèrement à côté... il apparaîtra aussitôt plus lumineux et plus net. N'insistez pas si vous n'y voyez plus rien. Une bonne séance d'observation est constituée d'une séquence de « coups d'œil » durant chacun une vingtaine de secondes.

Suivre un astre

La voûte céleste ressemble à une immense coupole où les étoiles seraient piquées comme sur une toile de fond. C'est une illusion... et si cette coupole semble tourner lentement, c'est parce que la Terre tourne sur elle-même en vingt-quatre heures environ. Les astres décrivent ainsi de grandes circonférences et cette observation est encore plus frappante si vous l'effectuez à l'aide d'une lunette immobile. L'image d'une étoile visée ne reste même pas une seconde à la croisée du réticule : la vitesse de son déplacement apparent est multipliée par le grossissement. Les astres défilent littéralement sous vos yeux et, avec un grossissement de 200 fois, c'est comme si le ciel tournait 200 fois plus vite !

Il faut donc déplacer sans cesse le tube de la lunette par un double mouvement de pivotage horizontal et de pointage vertical pour pouvoir suivre l'étoile visée tout au long de la courbe qu'elle parcourt : c'est ce qu'implique le principe d'une monture azimutale, celle des longues-vues.

Vous comprenez alors l'intérêt d'une monture équatoriale, qui permet de réaliser mécaniquement ce double déplacement, soit à la main avec une seule commande de mouvement lent, soit par l'entraînement automatique d'un moteur électrique. Nous apprendrons à nous en servir au chapitre « Apprivoisez votre instrument ».

Par quoi commencer ?

Le ciel nocturne fourmille de curiosités en tous genres. Certaines sont très accessibles, d'autres exigent un ciel très sombre, bien transparent, et un bon entraînement de l'observateur, qui doit connaître les possibilités de son instrument.

La Lune et les planètes brillantes (sauf Mercure) sont des cibles très faciles. Uranus et Neptune sont en revanche plus difficiles à repérer. Consultez pour cela les éphémérides mensuelles d'une revue d'astronomie.

Autres cibles faciles : l'amas des Pléiades, la nébuleuse d'Orion (M 42) et une bonne dizaine d'étoiles doubles comme bêta du Cygne ou alpha des Chiens de chasse.

Cibles assez faciles : la galaxie d'Andromède (M 31), l'amas de la Crèche (M 44), l'amas d'Hercule (M 13) et le double amas de Persée. Consultez une carte du ciel où ils sont positionnés.

Beaucoup plus difficiles sont les objets Messier et NGC *(New General Catalogue)* indiqués sur les grandes cartes détaillées, dans les atlas, et décrits dans les manuels pratiques. Ils sont presque toujours invisibles à l'œil nu et tout juste perceptibles dans un chercheur. Pour commencer, choisissez des objets assez lumineux, d'une magnitude inférieure à 8 pour pouvoir les repérer dans le cher-

Qu'est-ce qu'un renvoi coudé ?

Il s'agit d'un accessoire contenant un petit miroir plan ou un prisme à réflexion totale permettant de placer l'oculaire à angle droit de sa position habituelle. Dans une lunette, vous pouvez ainsi observer sans fatigue un astre près du zénith.
Inconvénient non négligeable : les images sont retournées gauche-droite tout en demeurant renversées haut-bas… Très gênant quand vous observez la Lune et que vous comparez ce que vous voyez dans l'oculaire à ce que vous avez repéré sur une carte ! Les images apparaissent « en miroir », c'est-à-dire comme si vous regardiez votre carte dans un miroir.

Quelques accessoires utiles : oculaires de complément, oculaire réticulé et éclairé, renvoi coudé à miroir, filtres lunaires et solaires.

cheur d'après leur entourage stellaire (la magnitude est le nombre qui définit conventionnellement l'éclat d'un corps céleste : plus l'éclat d'une étoile est faible, plus sa magnitude est élevée ; ainsi, une étoile de magnitude 6 est plus faible – moins brillante – qu'une étoile de magnitude 1 – voir page 43).

Faites au préalable une bonne mise au point sur une étoile quelconque. Utilisez un oculaire faible, desserrez les freins des deux axes, pointez la région de l'objet et, dans le chercheur, placez celui-ci près du centre du champ. Freinez les axes et améliorez le centrage avec les commandes de « mouvement lent ». L'objet doit être maintenant visible dans le champ de l'instrument. Nous indiquons au chapitre « Apprivoisez votre instrument » une méthode pour trouver un objet invisible dont on connaît les coordonnées célestes.

Quand, où et comment observer ?

Une veillée aux étoiles est une excellente initiation au ciel et à la pratique des instruments. Mais elle ne s'improvise pas : il faut choisir les bons sites aux meilleurs moments et préparer un beau programme.

C'est pendant les mois de juillet et août qu'on pratique le plus souvent les observations astronomiques. Autrement dit, c'est pendant les vacances d'été qu'on sort les télescopes... Touristes et reporters du ciel quittent alors les villes en emportant leur matériel en rase campagne ou tout simplement au bout du jardin de leur résidence d'été. Et pourtant, les nuits chaudes sont les plus mauvaises pour les observations : forte turbulence, longs crépuscules, heure tardive de l'obscurité, pollutions lumineuse et atmosphérique maximales... Les soirées d'automne dans un site méridional sont plus agréables, les nuits d'hiver sont les meilleures, surtout pour l'astrophotographie.

Un ciel dégagé après une forte pluie est souvent exceptionnellement pur. Regardez les nuages d'une belle journée de printemps ou d'été, de gros cumulus éclatants, semblables à des troupeaux de moutons, et disparaissant au crépuscule. Le ciel devient alors d'un bleu profond après un vent modéré et la soirée qui suit est souvent très claire.

Avant la nuit, regardez l'horizon pour savoir si le ciel est bleu, gris ou brumeux et si les lointains sont bien visibles. Cet horizon est souvent révélateur de la qualité du prochain ciel nocturne.

Les meilleurs sites sont les moins turbulents et les moins pollués : les régions montagneuses sont privilégiées, surtout au-dessus de 1 000 mètres. En grimpant en altitude, on laisse plus bas les brumes, les poussières industrielles et la diffusion lumineuse des éclairages urbains. Le ciel de haute montagne est souvent d'une extraordinaire transparence. Évitez pour-

Qu'est-ce que la turbulence ?

L'atmosphère est l'ennemi numéro un des astronomes, qui maudissent toujours la turbulence... De quoi s'agit-il ?

C'est le brassage permanent de masses d'air en mouvement, de températures différentes, dans l'atmosphère et même à l'intérieur du tube de votre instrument. Ces déplacements divers, qui « cisaillent » les rayons lumineux, nuisent toujours à la qualité des observations et à la netteté des clichés. On ne peut les apprécier à l'œil nu. Une nuit peut vous sembler belle et se révéler détestable quand vous avez l'œil à l'oculaire. Alors les étoiles « dansent », les images bouillonnent et le meilleur télescope ne peut fournir de bonnes images.

Un petit coin de pelouse au fond d'un jardin constitue l'endroit idéal pour installer son observatoire…

tant les abords des vallées, génératrices de mouvements d'air parfois importants.

Si la nébulosité peut être très grande sur la Normandie, la Bretagne du Nord et la Picardie, elle est en revanche relativement faible sur le Languedoc-Roussillon, la Provence-Côte d'Azur et les Alpes qui sont les meilleures régions françaises pour « faire de l'astronomie ».

Le meilleur site français est le Queyras, dans les Alpes : il offre de 45 à 50 % de nuits claires par an. Les meilleurs sites mondiaux sont au Chili dans les Andes (de 80 à 90 % de nuits claires). Un test de site très simple est celui du « petit doigt qui cache le Soleil » : dans les meilleurs lieux, le ciel, juste à côté du Soleil ainsi masqué, ne montre pas la moindre diffusion et reste parfaitement bleu. Le Massif central est également un lieu d'observation idéal. Évitez systématiquement le voisinage des autoroutes, des aéroports et surtout les abords des usines (même sans cheminées…). N'observez jamais au-dessus de toitures ou de hangars.

Qu'est-ce que la scintillation ?

Vous avez remarqué que l'éclat des étoiles présente des fluctuations rapides, surtout lorsqu'elles sont basses sur l'horizon. Cette

Testez la turbulence locale

Avec un oculaire faible, observez le bord circulaire du limbe lunaire où certains détails sont visibles. Notez la turbulence selon l'échelle suivante :
1 – image immobile ;
2 – frémissements d'ensemble ou lentes modulations ;
3 – agitation de l'image et vision fugitive des détails ;
4 – remous et empâtement des contrastes et des détails ;
5 – bouillonnement intense, détails invisibles.
Autre test : visez une étoile assez brillante avec un télescope dont le miroir est estimé correct. Mettez soigneusement au point et observez les anneaux de Newton autour du « faux disque » de l'étoile. Ils doivent être réguliers et peu déformés. S'ils sont brisés ou inexistants, la turbulence est forte.

scintillation, qui s'accompagne souvent de changements de couleur, est produite par la turbulence atmosphérique. Elle est encore accentuée par des causes locales (vagues d'air chaud au-dessus d'un toit, dégagements des cheminées…). Si les étoiles scintillent, les planètes ne scintillent pas (sauf Mercure, très bas sur l'horizon) à cause de l'importance de leur diamètre apparent. Les étoiles scintillent aussi dans les meilleurs instruments.

Où observer ?

Le plus mauvais emplacement est une fenêtre ouverte… en raison de la turbulence provoquée par les échanges d'air entre l'intérieur et l'extérieur. Un balcon peut convenir à condition de patienter assez tard en soirée afin que le balcon refroidisse (des courants ascendants de convection grimpent le long de la façade surchauffée par le Soleil en plein jour). En hiver, la qualité des images dépend surtout des bâtiments situés en dessous de l'objet : s'ils sont très hauts, la chaleur dégagée par les immeubles situés en face de l'observateur perturbera les images.

Il faut trouver un emplacement bien dégagé et ce choix est un élément capital dans la réussite d'une veillée. L'idéal serait une terrasse gazonnée offrant un large horizon circulaire dans un environnement sombre, un grand jardin ou une prairie, dont l'herbe a été tondue, s'ils sont loin des lampadaires urbains et des fenêtres, sources de lumière parasite.

Une orientation vers l'ouest permet l'observation de la Lune avant et après le Premier Quartier, assez tôt dans la soirée, et aussi la recherche de Vénus et de Mercure quand ces planètes sont visibles après le coucher du Soleil.

La bande écliptique où se déplacent les planètes s'étend de l'est à l'ouest en enjambant le sud comme une arche (pour l'hémisphère Nord). Vous en découvrirez un large secteur si vous êtes face au midi.

Les observations de la Lune au Dernier Quartier exigent un horizon dégagé vers l'est si elles doivent avoir lieu avant minuit.

Une orientation vers le nord ne présente qu'un intérêt réduit, mais elle est utile pour s'exercer à mettre en station et à régler un équatorial. En ville, et même à la campagne, les vues panoramiques totales sont exceptionnelles.

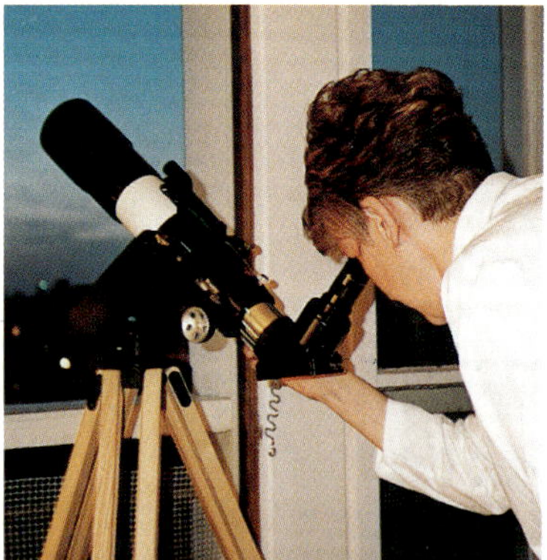

Une fenêtre ouverte est le pire des observatoires : en effet, l'air froid s'engouffre par la fenêtre, occasionnant une forte turbulence qui rend toute observation impossible. De plus, les fumées, les toits surchauffés par le Soleil de la journée et les éclairages du voisinage aggravent encore la situation.

Peut-on prévoir le ciel de la nuit ?

La prévision du temps local intéresse les astronomes amateurs. Voici quelques règles empiriques souvent vérifiées en France :
• Un crépuscule rougeoyant, un halo autour du Soleil ou de la Lune, une forte scintillation des étoiles sont souvent présages de mauvais temps.
• Lorsque le Soleil, éblouissant, se couche au milieu d'un ciel blanc permettant à peine de le situer, l'orage est proche.
• Le brouillard du matin annonce la continuation du beau temps de la veille.
• Un vent sec et léger laisse prévoir un ciel souvent favorable aux observations astronomiques.
• Un ciel bleu suivi d'un coucher de Soleil légèrement pourpre annonce un beau ciel nocturne.
• Après la pluie de l'après-midi, des nuages isolés, rouges et bien éclairés au coucher du Soleil, présagent le retour du beau temps et une nuit favorable aux observations.
• En montagne, une visibilité lointaine exceptionnelle est un présage de mauvais temps.
• Dans le nord de la France, quand le baromètre persiste à 780 mm, le ciel demeure couvert.

N'oubliez pas que les recherches cométaires exigent une nuit pure très sombre, sans clartés parasites. À de rares exceptions près, elles sont impraticables en ville.

Suivez le calendrier

Toutes les nuits ne conviennent pas de la même manière à une exploration céleste. Jetez donc un coup d'œil sur le calendrier avant de vous mettre en campagne. Le clair de Lune (avec les nuages, bien sûr) est votre pire ennemi. Il faut exclure les quelques jours qui précèdent et suivent la Pleine Lune qui, en effaçant les étoiles peu lumineuses, vous empêcheraient d'identifier certaines constellations.

Les nuits les plus favorables aux observations du « ciel profond » sont celles qui précèdent ou suivent la Nouvelle Lune. Pour les observations planétaires, cette remarque présente moins d'importance. Attendez toujours que la nuit soit très sombre, ce qui vous obligera forcément à veiller très tard en été. Si vous habitez la Belgique ou le nord de la France, vous constaterez qu'au début de l'été le crépuscule du soir rejoint l'aube du matin et que la nuit n'est pas complète. À Paris, du 13 au 29 juin, la nuit est un crépuscule continu, mais, au sud d'une ligne Morlaix-Melun-Strasbourg, la nuit du 21 juin est complète… pendant quelques instants seulement.

Pensez à votre confort

Les étoiles filantes et les satellites artificiels s'observent à l'œil nu en position renversée. Utilisez donc une chaise longue réglable ou un matelas pneumatique. Si vous observez des objets diffus vers le zénith, vous pouvez également vous allonger confortablement en calant les oculaires de vos jumelles contre vos deux arcades sourcilières. Si vous observez le même genre d'objets entre l'horizon et le zénith, vous fixerez vos jumelles sur un pied à trois branches.

Pour observer dans un instrument, prévoyez un tabouret ou une caisse. S'il fait frais, couvrez-vous et ne restez pas debout longtemps sur du ciment. Installez-vous sur une large planche de bonne épaisseur. N'oubliez pas qu'il se produit toujours une très forte déperdition de chaleur du sol pendant la nuit. Votre lampe de poche, indispensable pour consulter les cartes, sera équipée d'un verre rouge ou recouverte d'un papier Cellophane teinté de cette couleur car le rouge n'éblouit pratiquement pas.

Enfin et surtout : demeurez un bon quart d'heure dans l'obscurité absolue avant d'observer au télescope.

Veillée aux étoiles avec safari photographique

Consultez d'abord une carte céleste tournante pour connaître les constellations visibles à l'heure où vous allez observer. Les éphémérides publiées par les revues d'astronomie vous ont renseigné sur les positions des planètes brillantes et les phénomènes observables (conjonctions, configuration des satellites de Jupiter...). Gardez à portée de la main une carte plus détaillée où vous trouverez la situation des objets du ciel profond et de quelques étoiles doubles spectaculaires. Une carte de la Lune peut vous être utile. Préparez à l'avance tous vos accessoires pour ne pas devoir retourner dans la lumière pour les chercher en cours d'observation.

En établissant la liste des objets à étudier, inscrivez en tête du programme les astres situés à l'ouest : ce seront les premiers à se coucher (Vénus, par exemple).

Sortez votre instrument une ou deux heures avant de commencer toute observation afin que les températures s'égalisent entre l'intérieur du tube et l'air ambiant.

Une veillée aux étoiles avec quelques amis est un excellent loisir de vacances en même temps qu'une première approche des curiosités célestes et de leurs techniques d'observation. Vous vous entraînerez d'abord à reconnaître les étoiles brillantes et les principales constellations en vous aidant d'une carte céleste tournante qui reconstitue exactement le ciel de la nuit à l'heure où vous observez. L'astronomie commence à l'œil nu et aux jumelles, ne l'oubliez pas. Il vous faudra plusieurs soirées pour apprendre la géographie du ciel. À l'occasion de ces reconnaissances étoilées, vous verrez sans doute des satellites artificiels et des étoiles filantes. Vous découvrirez aussi quelques beaux spectacles célestes : lumière cendrée de la Lune, conjonctions entre une planète et la Lune, parfois entre deux planètes.

Mais vous brûlez d'envie de vous initier au maniement d'un télescope. Et les plus audacieux rêvent d'astrophotographie, avec ou sans instrument. Pourquoi ne pas tenter d'enregistrer la ronde des étoiles autour de la Polaire, avec un simple 24 x 36 reflex fixé sur pied ? Cette pose de 20 à 30 minutes est le plus beau cliché que vous puissiez réussir sans connaissances particulières.

Le ciel des grandes villes

En demi-saison, quand la température s'est équilibrée entre l'intérieur et l'extérieur, on peut à la rigueur observer par une fenêtre (ouverte !) avec un grossissement faible.

La pollution industrielle associée à l'éclairage urbain empêche la vision des étoiles. Malgré tout, même dans une grande cité, vous pouvez observer quelques objets célestes. Paradoxalement, c'est lorsqu'il y a une brume légère au-dessus d'une ville que la turbulence atmosphérique est minimale. Vous pouvez alors observer le Soleil, la Lune et les planètes brillantes (sauf Mercure, trop proche de l'horizon). Mais le « ciel profond » vous est à peu près inaccessible. Quand l'air est très turbulent, les étoiles « dansent » et il est impossible d'observer au télescope.

Si vous habitez une grande ville ou une région très fortement urbanisée, allez observer dans un parc ou une clairière, de préférence à une trentaine de kilomètres au sud de l'agglomération, afin d'avoir un horizon plutôt sombre orienté est-sud-ouest : c'est là et jusqu'au zénith que se trouvent les objets célestes les plus intéressants (les planètes surtout).

En ville, où l'on aperçoit rarement plus de 200 étoiles en même temps, vous découvrez un ciel simplifié où seuls les astres brillants forment des constellations rudimentaires, un peu comme sur les cartes célestes mobiles où vous composez la date et l'heure pour vous y retrouver. La première fois où vous observerez dans un site de montagne, ces constellations vous sembleront perdues dans un fourmillement étoilé, parce que vous découvrirez alors à l'œil nu une multitude d'étoiles de faible éclat qui étaient invisibles en ville.

Apprivoisez votre instrument

Le ciel tourne... Mais comment l'arrêter ? Grâce à une monture équatoriale, on peut « figer » la voûte céleste et rendre possibles les observations prolongées et la prise de clichés. Mais pour que cette monture fonctionne bien, il faut savoir l'orienter et la régler.

Sur la Terre, un point peut être défini par ses deux coordonnées : sa longitude et sa latitude. Pour repérer les positions d'une étoile sur une sphère céleste fictive, les astronomes utilisent un système de coordonnées semblables, où la longitude est remplacée par l'ascension droite et la latitude par la déclinaison. Sur Terre, le méridien initial passe par Greenwich ; dans le ciel, ce méridien passe par le point vernal, intersection théorique de l'équateur céleste avec l'écliptique, qui est la trajectoire apparente du Soleil.

L'ascension droite (a) s'exprime en heures, minutes et secondes à cause de la relation entre la rotation de la voûte céleste et le temps. La déclinaison (d) se mesure comme une latitude terrestre en degrés (°) d'arc, subdivisables en minutes (′) et en secondes (″), au nord et

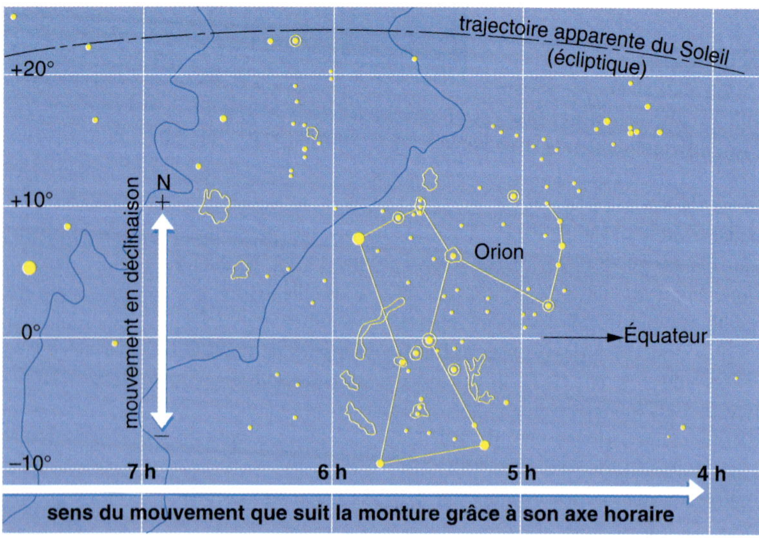

Sur les cartes, le ciel est constitué d'un immense quadrillage comportant des « longitudes » et des « latitudes », comme sur Terre.

au sud de l'équateur céleste. Une déclinaison au nord de cet équateur est précédée du signe +, une déclinaison au sud est précédée du signe –. On dit aussi qu'une déclinaison est « boréale » ou « australe ». Ces coordonnées servent à pointer un astre avec un instrument à monture dite « équatoriale » correctement orientée par rapport à la voûte céleste.

Une monture équatoriale possède deux cercles gradués permettant d'afficher l'angle horaire d'ascension droite et l'angle de déclinaison de l'astre cherché, dont les coordonnées ont été relevées dans le catalogue d'un atlas. Étudions de plus près comment elle fonctionne.

Le ciel tourne, comment l'arrêter ?

Imaginez-vous sur un manège de fête foraine, fonctionnant au ralenti. En tournant le dos à l'axe central, vous observez vers l'extérieur des badauds immobiles. La scène défile devant vous sans que vous puissiez apparemment arrêter son déplacement. À cet instant, si vous pivotez sur vous-même, mais en sens contraire du manège et rigoureusement à la même vitesse que lui, vous ferez un tour complet sur vos talons pendant que la plate-forme du manège fera aussi une rotation complète. Vous pourrez donc suivre une scène se déroulant à l'extérieur comme si votre regard n'était plus entraîné par la ronde du manège. À un certain moment, vos yeux rencontreront l'axe central, vous cachant momentanément l'extérieur. Ce scénario serait réalisable avec une caméra fixée sur un pied posé sur la plate-forme du manège. Pour filmer la scène extérieure, vous ferez ainsi pivoter l'axe vertical du pied en sens contraire de celui du manège. Étudiez le schéma page suivante pour mieux comprendre ce mécanisme. En vous livrant à cette « gymnastique », vous aurez simplement reproduit le mouvement qui est celui d'une monture équatoriale…

Principe d'une monture équatoriale

Vous voilà rassuré : une monture équatoriale est un système pivotant, servant à compenser le mouvement de la Terre, notre « manège ». Grâce à elle, un instrument peut être « bloqué » artificiellement sur une région du ciel, permettant ainsi la prise de clichés… même à longue pose. Seuls les petits instruments ne possèdent pas de monture équatoriale et sont équipés d'une monture azimutale, avec un axe vertical et un autre horizontal, que l'on règle par des mouvements fins. L'axe moteur d'une monture équatoriale est appelé « axe polaire » ou « horaire » et fait un tour en 24 heures environ. L'autre, perpendiculaire au premier, est l'axe de déclinaison. La plupart des montures actuelles sont de deux types : monture allemande ou à fourche. Elles peuvent être complétées par des moteurs « pas à pas », c'est-à-dire dont le système de rotation, régulé par une horloge électronique, s'effectue par à-coups, alimentés par piles en basse tension 12 volts ; ces moteurs sont souvent fournis avec leur raquette de contrôle qui permet d'agir sur l'entraînement de ces derniers.

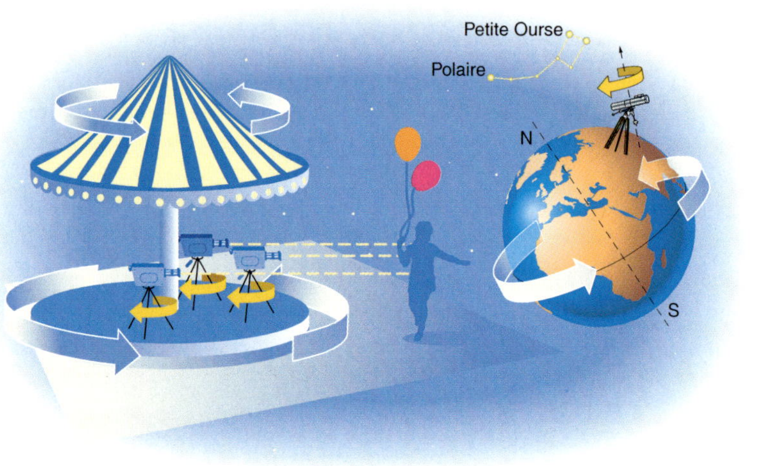

Tout se passe un peu comme sur un manège où vous voudriez filmer une scène immobile à l'extérieur… Sur Terre, les choses sont un peu plus compliquées, car notre « manège » est sphérique.

Sur Terre, les choses sont bien entendu plus compliquées que sur notre « manège ». Une monture (le pied de caméra), dont l'axe pivoterait verticalement, ne fonctionnerait correctement que si elle était positionnée aux pôles. Ailleurs, nous devrions incliner l'axe vertical sur l'horizon d'un angle égal à la latitude du lieu où nous observons, et orienter cet axe ainsi penché parallèlement à l'axe du monde. C'est cette opération qu'on appelle une « mise en station ».

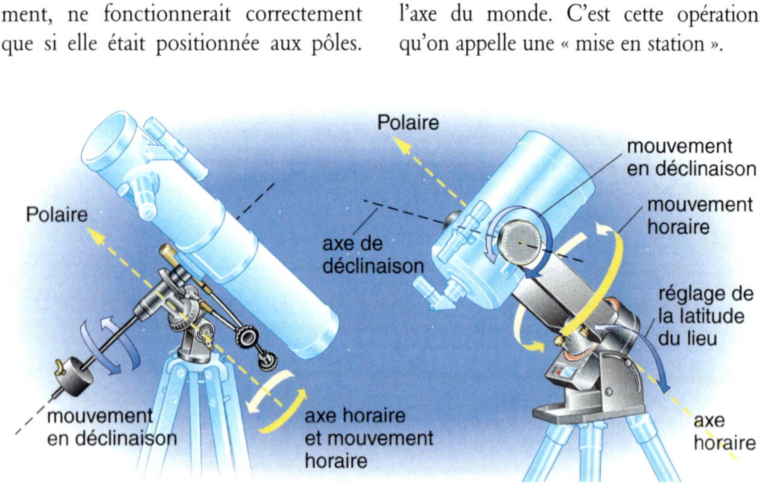

Monture équatoriale de type « allemande ». Monture équatoriale de type « à fourche ».

Mise en station d'un équatorial

Mettre une monture en station, c'est l'orienter pour que, en braquant n'importe quelle étoile, on puisse suivre automatiquement son déplacement. Vous venez d'emballer votre télescope pour une soirée d'observation en pleine nature. (N'oubliez pas vos oculaires, votre Barlow, un jeu de clés Allen, votre appareil photo, et... une Thermos de café bien chaud !) Choisissez un endroit dégagé vers le sud mais où la Polaire est visible. Montez votre instrument en soignant son équilibrage : position du tube et contrepoids. Sans cette précaution, vous feriez souffrir la mécanique et useriez prématurément les pignons. Réglez horizontalement l'embase de votre instrument grâce aux allonges de pied et au niveau à bulle de sa monture. Préréglez l'inclinaison de l'axe polaire à la latitude du lieu où vous observez. Pour cela, consultez un atlas ou le tableau page 69 qui vous donnera une indication approchée. Repérez la Polaire et orientez l'axe de votre monture dans sa direction. Le frein de déclinaison étant bloqué sur 90°, tournez l'ensemble de la monture pour orienter le tube vers la Polaire. Il faudra peut-être revoir l'horizontalité de l'embase. Visez le long du tube et, lorsque la Polaire est visible dans le chercheur, amenez-la au centre du réticule en utilisant les mouvements fins en azimut et en latitude. La plupart des montures actuelles possèdent ce raffinement. Tel quel, votre instrument est maintenant en station approchée et peut suivre un astre pendant une douzaine de minutes avec un grossissement de 70 à 100 fois, sans dérive en déclinaison, ce qui est suffisant pour une observation visuelle. En réalité, la Polaire ne se trouve pas exactement au pôle Nord céleste mais à 43 minutes d'arc.

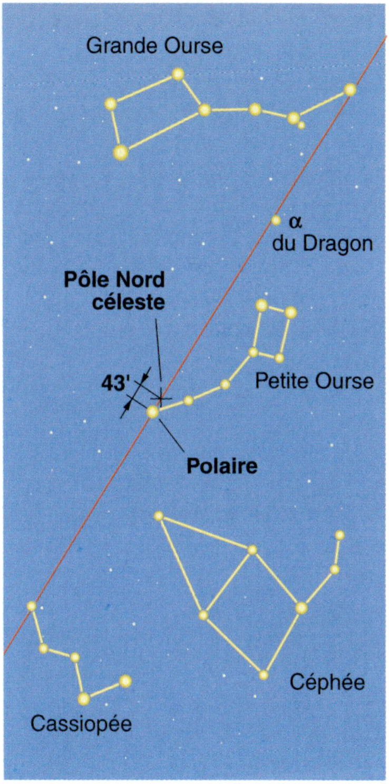

La Polaire ne se trouve pas exactement au pôle Nord céleste mais à environ 43′ d'arc. Vous pouvez repérer sa position en joignant α Grande Ourse à ε Cassiopée en passant par α Dragon.

Il faut environ dix minutes pour monter un instrument, et cinq autres pour réaliser cette mise en station. En un quart d'heure, votre télescope est prêt et le spectacle peut commencer...

La méthode de Bigourdan

La mise en station que nous venons de décrire est approximative et ne convient pas aux longues poses photographiques.

L'axe polaire de votre monture doit être rigoureusement orienté dans le plan nord-sud et son inclinaison doit correspondre exactement à la latitude du lieu. Après une mise en station approchée, il faut donc procéder à un double réglage selon une méthode imaginée en 1893 par l'astronome Bigourdan.

1. Réglage de la monture dans le plan méridien

Dirigez le tube de l'instrument vers une étoile brillante proche de l'équateur céleste et du méridien au sud. Utilisez un oculaire réticulé et amenez l'étoile à la croisée des fils.

Attendez quelques minutes après avoir branché le moteur d'entraînement. Si l'axe polaire ne se trouve pas dans le plan méridien, l'étoile dérivera vers le haut ou vers le bas du champ (respectivement le sud et le nord pour une image renversée). Si l'étoile dérive vers le haut, déplacez l'extrémité supérieure de l'axe horaire vers l'ouest. Et inversement dans le cas contraire.

2. Réglage de l'inclinaison de l'axe polaire (latitude)

Pointez une étoile à 6 heures de son passage au méridien et présentant une déclinaison voisine de + 50°. Amenez-la à la croisée du réticule. Si elle descend vers le nord du champ, abaissez l'extrémité supérieure de l'axe horaire. Et inversement dans le cas contraire. Si cela est nécessaire, revenez à la première opération. Le réglage doit être d'autant plus précis que la distance focale de l'instrument est longue. Test absolu : guidage d'une étoile pendant une vingtaine de minutes sans dérive appréciable avec un grossissement supérieur à 100 fois. La qualité des clichés « posés » est liée essentiellement à ces deux réglages.

Mise en station avec viseur polaire

La méthode de Bigourdan n'est vraiment indispensable que pour la mise en station définitive d'un gros instrument placé sous abri. Heureusement, les constructeurs ne manquent pas d'imagination quand il s'agit d'inventer de nouveaux équipements. Voilà pourquoi certaines montures équatoriales du commerce sont vendues équipées d'un viseur polaire quelquefois en option.

Il s'agit d'une très petite lunette, de la taille d'un mini-chercheur, placée à l'intérieur de l'axe horaire, et dont l'axe optique est confondu avec l'axe de rotation de celui-ci.

L'oculaire de ce viseur est muni d'un réticule spécial permettant d'amener la Polaire à 43′ d'arc du centre du champ, et dans la position horaire de celle-ci à la date et à l'heure de la mise en station. Ce réticule est éclairé par une LED, qui est une petite lampe émettant une lueur rouge ou verte (de l'anglais *Light Emissing Diode* : diode émettrice de lumière), alimentée par pile.

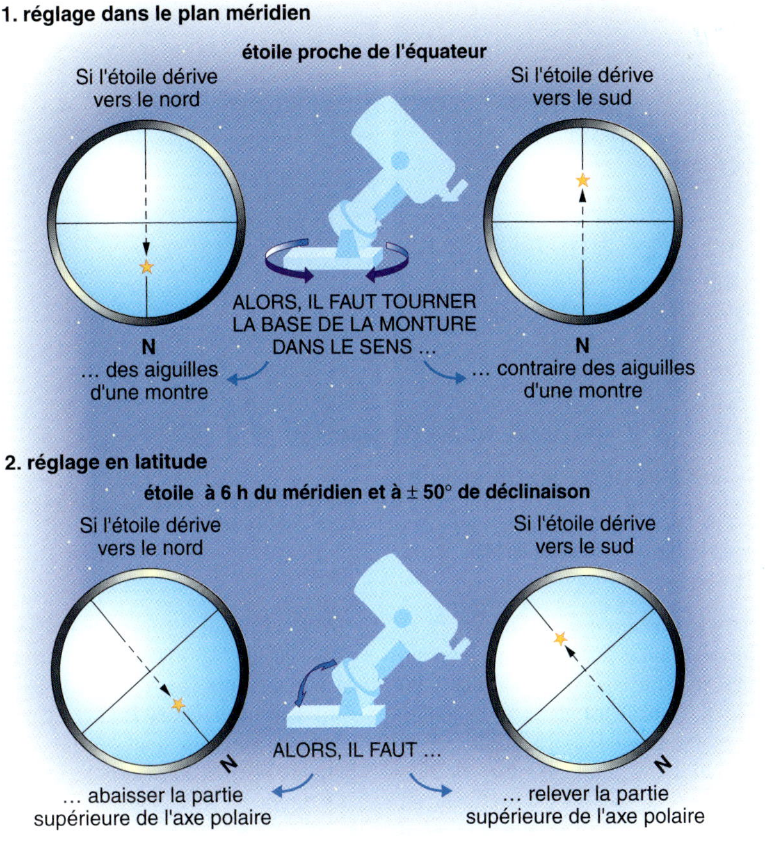

La méthode de Bigourdan n'est plus beaucoup pratiquée aujourd'hui. Les montures à viseur polaire voir (page suivante) permettent d'effectuer une mise en station en deux minutes avec une précision tout à fait acceptable.

Un système de disques horaires permet le réglage à la date et à l'heure lues dans le viseur, et une mise en station satisfaisante en dix minutes environ. Cette précision est inférieure à celle de la méthode de Bigourdan, mais autorise cependant la prise de vue à longue pose d'objets diffus.

Comment pointer un objet invisible dont on connaît les coordonnées ?

Une bonne monture équatoriale possède des cercles de coordonnées sur chacun de ses axes. L'axe horaire comporte un cercle gradué en heures et en minutes, mais

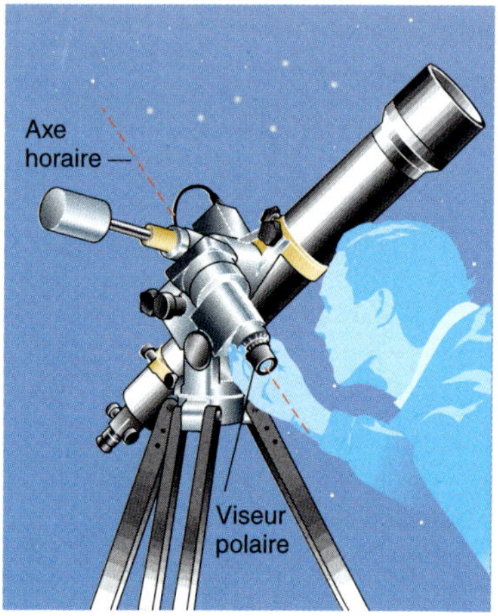

Le viseur polaire, intégré dans l'axe horaire de la monture, permet une mise en station rapide et précise. L'opérateur initialise ici les cercles du viseur à la date et à la longitude du lieu.

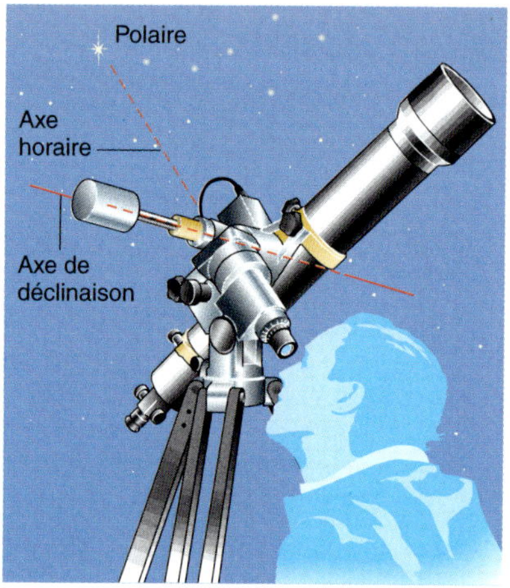

C'est en visant à travers l'axe de déclinaison (percé) que l'on peut ensuite amener la Polaire au repère gravé sur le réticule.

dans le sens direct (sens contraire de celui des aiguilles d'une montre). Il est mobile et permet d'afficher les angles horaires, équivalents de nos longitudes terrestres. Le cercle de déclinaison est gradué en degrés et minutes d'arc, de 90° à 0° et de 0° à – 90° [ne pas confondre minute d'arc (′) et minute de temps (min)]. Il est fixe par rapport à l'axe et indique l'angle d'un astre au nord ou au sud de l'équateur céleste (angle positif ou négatif), équivalent de nos latitudes.

Vous désirez observer la nébuleuse M 27 (Dumb-bell). Votre atlas vous indique ses deux coordonnées : a (ascension droite) : 19 h 57 min ; d (déclinaison) : + 22° 35′. En fait, Dumb-bell se trouve assez proche de l'étoile Altaïr dans la constellation de l'Aigle, dont les coordonnées sont : a : 19 h 48 min ; d : + 8° 44′ . Comme Altaïr est très brillante, c'est elle qui va vous aider à trouver M 27. Supposons que votre monture soit correctement en station. Pointez Altaïr et amenez-la au centre d'un oculaire assez puissant. Bloquez doucement les freins α et δ. Tournez à la main le disque horaire jusqu'à ce que l'index indique l'angle horaire d'Altaïr, soit 19 h 48 min.

Débloquez maintenant le frein de l'axe d'ascension droite et, en faisant pivoter l'instrument, réglez l'index sur 19 h 57 min, angle horaire de Dumb-bell. Bloquez le frein de l'axe horaire et débrayez celui de déclinaison pour amener directement le tube à + 22° 35′ sur le cercle de déclinaison. La nébuleuse M 27 doit alors se trouver dans le champ d'un oculaire faible. Faites vite tout de même… car la Terre tourne !

Lorsque l'index des ascensions droites indique l'angle horaire d'un astre observé, 0 heure sur le cercle marque la direction du point vernal (point d'intersection de l'écliptique et de l'équateur céleste, origine des ascensions droites). L'index fixe de votre monture (côté sud) indique alors l'heure sidérale du moment de l'observation.

Faut-il préciser que cette méthode n'est satisfaisante que si la mise en station est excellente ?

Un télescope piloté par ordinateur : le rêve

Les grands télescopes professionnels sont pilotés par des ordinateurs. Pourquoi les instruments d'amateurs devraient-ils se passer de ce raffinement ? C'est maintenant chose faite : certaines montures vendues dans le commerce sont prévues pour recevoir en option un micro-ordinateur, fourni avec ses moteurs « pas à pas » d'ascension droite et de déclinaison, qui pilotent l'instrument d'après des informations tapées au clavier. Ce « cerveau » permet de retrouver jusqu'à 12 000 objets dont les coordonnées ont été enregistrées dans la mémoire. Pour cela, il suffit d'entrer un numéro de catalogue et la monture s'oriente automatiquement vers l'objet désiré. Si celui-ci n'est pas « levé » (c'est-à-dire au-dessus de l'horizon) ou s'il est déjà « couché », un message apparaît sur le mini-écran à cristaux liquides.

Le Skysensor 2000 fournit entre autres les noms et les positions des étoiles, nébuleuses et amas globulaires situés dans un champ de ± 4° autour de l'objet observé. Il permet aussi la visualisation de l'heure locale solaire et sidérale. La connexion à un micro-ordinateur extérieur est réalisable grâce à une interface au standard RS-232 C permettant la communication entre un ordinateur et ses périphériques, ou entre deux ordinateurs, ce qui étend encore ses possibilités.

Signalons que la bonne marche de l'ensemble télescope-micro-ordinateur nécessite une excellente mise en station, l'initialisation de l'heure T.U., de la date ainsi que la connaissance de la latitude et de la longitude du lieu d'observation qu'il faut entrer avec précision. La recherche des objets faibles du ciel profond par le biais de l'informatique a ses partisans et ses détracteurs. Non seulement les prix de ces micro-ordinateurs sont actuellement assez dissuasifs, mais leur utilité pratique est parfois contestée.

Les performances réelles d'un instrument

Connaissez-vous les performances réelles de votre instrument « sur le ciel » ? Pas celles qui sont énumérées sur les prospectus publicitaires ou sur les notices d'utilisation, mais les paramètres que l'on peut calculer ou déterminer soi-même par quelques tests très simples...

Le tube d'un instrument (ou son porte-oculaire) comporte souvent une plaque sur laquelle figurent trois nombres : le diamètre de l'objectif exprimé en millimètres, sa longueur focale et le numéro de série de l'appareil. Si vous divisez la distance focale f par le diamètre D de l'objectif d'un télescope ou d'une lunette, vous obtenez le rapport d'ouverture f/D.

Par exemple, votre lunette a un objectif de 60 mm et sa focale mesure 900 mm : 900/60 = 15. Elle a donc un rapport d'ouverture de 15.

Faites bien attention à ne pas confondre le rapport d'ouverture f/D avec l'ouverture effective de votre objectif. En effet, un grand rapport d'ouverture f/D signifie que la focale est très longue par rapport au diamètre et donc que l'instrument est peu lumineux. Mais une grande ouverture signifie exactement le contraire ! Ainsi, un instrument ayant un f/D de 15, indiquant un grand rapport d'ouverture, et une petite ouverture sera peu lumineux. En revanche, un instrument avec un f/D de 4, qui est un petit rapport d'ouverture, et une grande ouverture sera très lumineux.

Si vous êtes photographe amateur, vous remarquerez ces mêmes indications sur la monture de vos objectifs. Par exemple, avec 1 : 2,8 et f = 50 mm, votre objectif « ouvre » à 2,8 et mesure 50 mm de focale. Il est alors facile d'en déduire le diamètre réel. Plus le rapport f/D est petit, plus l'objectif est dit « rapide » car ce rapport f/D est directement lié aux temps de pose photographiques. Il existe des télescopes spéciaux, les chambres photographiques de Schmidt, dont les rapports d'ouverture sont de l'ordre de f/D = 2. Grâce à leur rapidité, ces appareils peuvent enregistrer les images d'objets faiblement lumineux en des temps de pose relativement brefs.

Faut-il acheter l'instrument au plus petit rapport f/D ? Non, car plus un instrument est court, plus il est lumineux certes, mais plus il comporte d'aberrations diverses telles que la courbure de champ, la coma, l'astigmatisme et le chromatisme pour les lunettes. Il existe des télescopes très « rapides », à f = 3, munis de miroirs hyperboliques et d'un correcteur de champ, mais leur prix est très dissuasif. Tout cela est affaire de compromis : voilà pourquoi vous trouverez

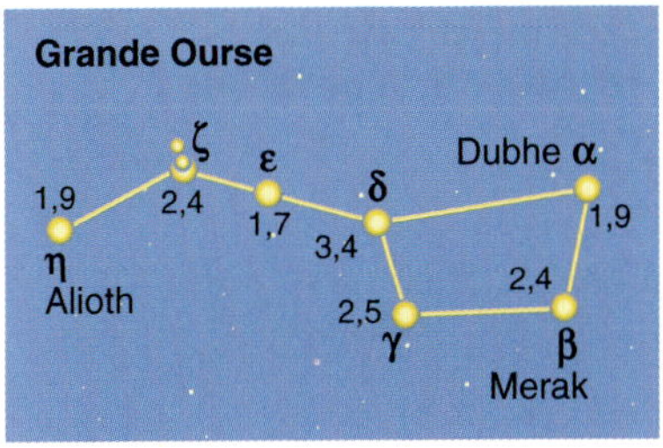

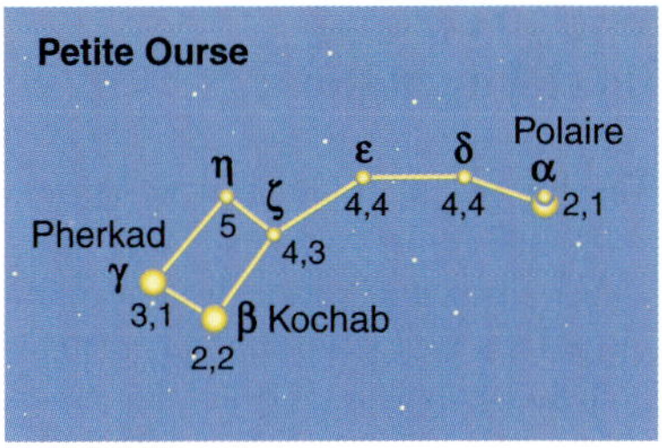

La Petite et la Grande Ourse permettent de juger des « performances » de votre site. Lorsque η et ζ de la Petite Ourse sont bien visibles à l'œil nu, le ciel est clair et transparent ; en revanche, si vous apercevez difficilement δ et γ de la Grande Ourse, votre site est « bouché » par de la brume ou de la pollution, interdisant toute observation stellaire.

dans le commerce des instruments longs dont les images sont aplanétiques, et d'autres courts mais plus lumineux.

Rapidité et grande qualité optique sont des caractéristiques contradictoires : c'est le haut de gamme de quelques constructeurs calculant leurs optiques sur ordinateur et utilisant des verres spéciaux à faible dispersion, mais leur prix les met hors de portée de bien des amateurs.

L'échelle des magnitudes

Toutes les étoiles n'ont pas le même éclat. Certaines sont si faibles qu'on ne peut les voir à l'œil nu que par nuit pure, sans Lune et loin des lumières parasites, de préférence en haute montagne. C'est Hipparque, astronome grec du IIe siècle avant J.-C., qui classa les étoiles en six ordres de brillance, en six magnitudes. Les étoiles les plus lumineuses étaient dites de première magnitude et les plus faibles étaient considérées de sixième ordre (ou « grandeur »).

Il fallait une plus grande précision. On s'aperçut que des étoiles ou des planètes brillaient plus intensément que la première magnitude. On imagina donc une magnitude zéro, une magnitude – 1, – 2, etc. L'étoile la plus lumineuse, Sirius, présente la magnitude – 1,5 et la planète Vénus peut atteindre – 4,4. D'une magnitude à la suivante, le rapport d'éclat est de 2,5 fois. Selon cette échelle, une étoile de première magnitude brille 100 fois plus qu'une étoile de sixième ordre. La Pleine Lune atteint la magnitude – 12,7 et le Soleil – 26,8. Les étoiles les plus faibles photographiables par les télescopes géants sont de magnitude + 31. Les cartes célestes représentent les magnitudes par des conventions graphiques.

Plus le diamètre de l'instrument est large, plus on pénètre loin dans l'échelle des magnitudes. Ici le grossissement n'intervient pratiquement pas. Nous indiquons plus loin la magnitude limite des plus faibles étoiles observables selon le diamètre de votre instrument.

Testez la qualité du ciel nocturne

Théoriquement, nous devrions apercevoir 3 800 étoiles en même temps sur la voûte céleste, mais cela ne serait possible que s'il n'y avait pas d'atmosphère ni de pollution lumineuse. Ce nombre représente en effet la moitié des 7 600 étoiles des six premières magnitudes visibles à l'œil nu. Dans une grande ville, on aperçoit rarement les astres de 4e magnitude et, à cause de la très forte absorption près de l'horizon, 200 à 300 étoiles seulement sont perceptibles à la fois.

Avant d'observer dans un instrument, quel que soit le site, il est intéressant de réaliser un test de qualité du ciel nocturne. Il servira tout à la fois à apprécier la transparence de l'atmosphère et la qualité de votre vue.

Ce test peut s'effectuer sur la Grande Ourse et la Petite Ourse parce qu'elles sont connues et visibles en toute saison. Reportez-vous à une carte désignant chaque étoile par une lettre grecque.

La Grande Ourse vous permet d'estimer les magnitudes entre 1,7 (l'étoile epsilon) et 3,4 (delta). Dans une très grande ville, si vous ne voyez pas l'étoile delta, c'est que la pollution lumineuse et les fumées industrielles « bouchent » le ciel.

À la campagne, quand vous pourrez apercevoir êta de la Petite Ourse (de 5e magnitude), vous saurez que l'atmosphère est relativement transparente. En haute montagne, si vous parvenez à distinguer nettement l'amas d'Hercule, de magnitude 5,6, comme une fine tache laiteuse, cela signifie que la nuit promet d'être claire.

Comment calculer le pouvoir séparateur ?

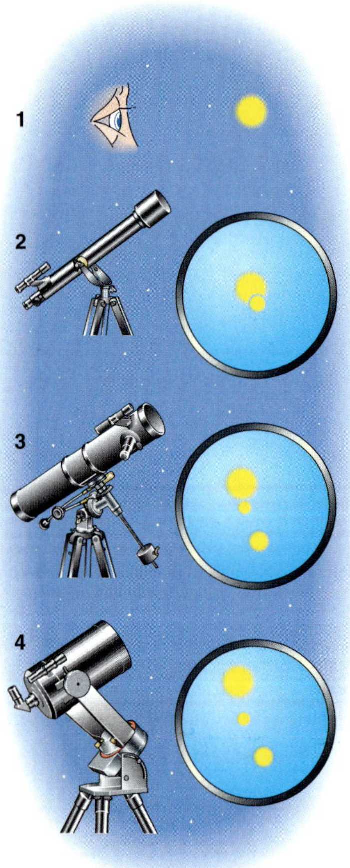

Le « pouvoir résolvant », ou « pouvoir séparateur », est l'aptitude d'un instrument à séparer deux points très rapprochés. En 1, à l'œil nu, une étoile double serrée est perçue comme étant unique. En 2, dans une 80 mm, l'étoile semble allongée, alors qu'en 3 et en 4, dans des instruments plus puissants, les deux composantes sont effectivement séparées.

Le pouvoir séparateur d'un objectif est sa capacité à dissocier deux points optiquement très rapprochés (par exemple deux étoiles) ou à discerner de fins détails sur une surface. Pour le calculer en secondes d'arc par une formule théorique très simple, il suffit de diviser 12 par le diamètre de l'objectif exprimé en centimètres.

On obtient ainsi le pouvoir séparateur d'un objectif parfait utilisé dans une atmosphère sans turbulence. Pour un objectif ordinaire et une turbulence moyenne, vous diviserez 30 par le diamètre instrumental. C'est ainsi qu'un télescope de 10 cm ne peut dédoubler pratiquement que des étoiles écartées de 30 : 10 = 3″. Sur la Lune, cela correspond à des détails de 5 à 7 km.

Le pouvoir séparateur est donc une constante liée au diamètre de l'instrument et non au grossissement utilisé.

Notons que le pouvoir séparateur de l'œil nu est voisin de une minute d'angle (diamètre d'une pièce de 10 francs vue à 89 mètres…).

Comment calculer la pupille de sortie ?

La pupille de sortie, c'est le diamètre de l'image de l'objectif fournie par l'oculaire. Voulez-vous la voir ? Tenez une paire de jumelles devant une fenêtre et regardez à 20 ou 30 cm derrière l'un des deux oculaires et dans son axe. Vous apercevrez un petit disque clair : c'est la pupille de sortie. Vous pouvez facilement calculer son diamètre en divisant le diamètre de l'objectif (en mm) par le grossissement. Exemple : pour des jumelles 7 x 50, vous divisez 50 par 7 et vous trouvez 7 mm pour ce diamètre de pupille. Après 20 min dans l'obscurité, la pupille de votre œil mesure justement 6 à 7 mm de diamètre. Voilà pourquoi les jumelles 7 x 50, très lumineuses, conviennent admirablement aux observations nocturnes.

S'agit-il d'un télescope de 100 mm équipé d'un oculaire grossissant 50 fois ? La pupille de sortie mesure 100 : 50 = 2 mm, et l'instrument ainsi utilisé est suffisamment lumineux pour observer les objets faibles et diffus. Le

Maniabilité, encombrement réduit et grande luminosité font des jumelles des instruments précieux pour l'astronome amateur. Ici, ces 11 x 80 Perl sont équipées de buvards entourant les objectifs pour éviter que la rosée nocturne ne se dépose sur les lentilles frontales, ce qui ruinerait la qualité des images.

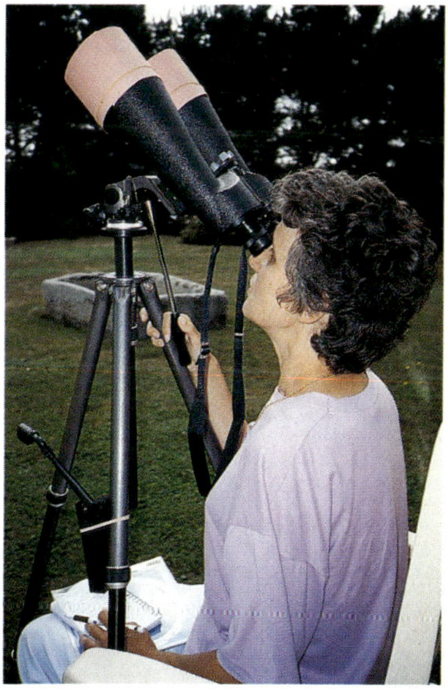

Les performances réelles d'un instrument

Diamètre d (en mm) (1)	**Grossissement** mini (2)	0,4 d (3)	1,2 d (4)	2 d (5)	2,4 d (6)
50	7 x	20 x	60 x	100 x	120 x
60	9 x	24 x	72 x	120 x	144 x
75	11 x	30 x	91 x	152 x	182 x
80	11 x	32 x	96 x	160 x	192 x
90	13 x	36 x	108 x	180 x	216 x
100	14 x	40 x	120 x	200 x	240 x
115	16 x	46 x	138 x	230 x	276 x
130	18 x	52 x	156 x	260 x	312 x
150	21 x	60 x	180 x	300 x	360 x
200	30 x	84 x	252 x	420 x	504 x
250	35 x	100 x	300 x	500 x	600 x
300	43 x	120 x	360 x	600 x	720 x

1) Diamètre de l'instrument en mm (d) ; le grossissement est exprimé en fraction de diamètre.
2) Grossissement très faible. Pupille de 7 mm, rarement applicable.
3) Grossissement faible (nébuleuses et amas). Pupille de 2,5 mm.
4) Grossissement normal de travail pour les planètes. Pupille de 0,8 mm.
5) Grossissement fort (étoiles doubles). Pupille de 0,5 mm.
6) Plus fort grossissement applicable (tests et étoiles doubles difficiles).

même instrument avec un oculaire grossissant 120 fois présente une pupille de 100 : 120 = 0,8 mm, convenant bien aux observations lunaires et planétaires.

Le carré de la pupille de sortie correspond à la « puissance géométrique » de l'instrument.

Mesurez le champ de chaque oculaire

Lorsqu'en plein jour vous mettez l'œil à un oculaire, vous apercevez un grand cercle clair entouré d'une zone noire. Ce cercle éclairé est le champ de l'oculaire. Il faut distinguer le champ apparent, simple diamètre apparent du cercle précédent, du champ réel « sur le ciel » qui s'exprime en secondes d'arc. Les oculaires courants ont un champ apparent compris entre 38 et 50° pour le coulant (partie rentrant dans le porte-oculaire) de 24,5 et entre 42 et 54° pour le 31,75 mm.

Comment mesurer le champ réel ? Si vous connaissez le champ apparent de votre oculaire, il suffira de le diviser par le grossissement pour obtenir le champ « sur le ciel ». Exemple : un oculaire ouvert à 40° et grossissant 120 fois fournira un champ

Lumière		Résolution
clarté (7)	magnitude (8)	sec. d'arc (9)
70	10	2,4″
100	11	2″
160	11,5	1,6″
177	11,6	1,5″
225	11,9	1,3″
277	12,1	1,2″
367	12,4	1,1″
470	12,6	1″
625	13	0,8″
1 111	13,6	0,6″
1 736	14	0,48″
2 500	14,5	0,4″

7) Clarté calculée par rapport à la puissance de l'œil nu. (Œil = 1).
8) Magnitude des plus faibles étoiles observables. (Pratiquement, retrancher une magnitude.)
9) Diamètre du plus petit objet visible si l'optique est parfaite.

de 40° : 120 = 1/3 de degré, soit 20 minutes d'arc.

Autre méthode, beaucoup plus précise : visez une étoile brillante près de l'équateur céleste (par exemple Régulus ou Bételgeuse) et chronométrez le temps qu'il lui faut pour traverser diamétralement le champ de votre oculaire. Divisez par 4 ce temps exprimé en secondes de temps, et vous obtiendrez le diamètre du champ en minutes d'arc.

Exemple : si la traversée de l'étoile brillante a duré 2 minutes (= 120 secondes), le diamètre du champ mesure 120 : 4 = 30 minutes d'angle, c'est-à-dire à peu près le diamètre de la Pleine Lune.

Plus un oculaire grossit, plus le champ se rétrécit. Avec un oculaire courant, on ne couvre plus le disque lunaire au-delà de 75 à 80 fois de grossissement.

Vous voyez qu'un télescope, même équipé d'un oculaire faible, ne permet d'explorer qu'une très petite surface du ciel. Le champ d'un « oculaire fort » dans un gros instrument est toujours très réduit.

Comment doit-on voir une étoile dans un instrument ?

Faut-il rappeler que l'observation d'une étoile isolée ne présente aucun intérêt pour l'amateur ? Le diamètre apparent des étoiles les plus proches étant de l'ordre du millième de seconde d'angle, aucun téles-

La clarté d'un instrument

C'est la luminosité comparée à celle de l'œil humain. On la calcule en divisant le carré du diamètre de l'instrument, exprimé en mm, par le carré de 6 (diamètre moyen de la pupille dilatée après 20 min dans l'obscurité). Exemple :

pour un télescope de 115 : $\frac{115^2}{6^2} = 367$

Ce télescope capte donc 367 fois plus de lumière que votre œil dans l'obscurité : il « voit » 367 fois mieux…

cope au monde ne peut grossir leur image. Un gros télescope pourrait seulement augmenter beaucoup leur luminosité apparente parce qu'avec son large diamètre il collecterait beaucoup plus de lumière que la pupille de votre œil.

Que devez-vous apercevoir en visant une étoile ? Simplement un minuscule point lumineux (c'est un « faux disque ») entouré de deux faibles anneaux concentriques appelés « anneaux de Newton ». Ce point lumineux scintille légèrement.

Il est possible, hélas, que vous aperceviez des aigrettes colorées, rouges ou bleues selon le tirage de l'oculaire… Ce phénomène est tout simplement dû au fait que l'objectif de votre lunette est mal corrigé de l'aberration chromatique.

Il peut aussi arriver que l'image de l'étoile se présente sous l'aspect d'un point prolongé par une petite queue… Cela indique que l'axe optique de l'objectif ou du miroir ne passe pas exactement par l'oculaire. Il est assez facile d'y remédier, mais il vous faudra faire appel à un revendeur qualifié qui, seul, pourra effectuer le réglage nécessaire.

Si l'image de l'étoile décrit des cercles minuscules, cela est dû au fait que votre monture est sensible aux vibrations, au vent et aux trépidations. Vous pouvez alors remédier à ce défaut en lestant la monture pour l'alourdir.

Testez aussi la stabilité de la monture

Une monture doit être stable. Tandis que vous observez une étoile, tapotez légèrement le tube de l'instrument. Vous verrez danser l'étoile, mais en moins de 3 secondes l'image doit se stabiliser, sinon votre instrument vibrera même au vent et vos clichés seront flous. Cette mobilité excessive peut être due aux jeux pris par les axes : elle est alors sans remède. Si elle provient du trépied, vous pouvez le remplacer ou le renforcer avec des montants. Vous pouvez aussi surbaisser l'ensemble en rentrant les allonges du pied, et lester la monture en suspendant au centre un sac plastique contenant quelques kilos de sable.

Une optique haut de gamme : la fluorine

Il existe dans le commerce un type particulier de lunette dont l'une des deux lentilles de l'objectif est en bifluorure de calcium, verre à faible indice de réfraction. Ce « cristal » est utilisé depuis longtemps dans la fabrication des objectifs de microscopes apochromatiques. La fluorine permet d'obtenir des images exemptes de spectre secondaire et sans aberrations.

Ce genre d'optique permet d'approcher du pouvoir séparateur limite, dépassant ainsi celui des objectifs achromatiques courants. Son achromatisme est total, qualité que l'on ne rencontre généralement que pour les télescopes. Les images obtenues sont ainsi davantage piquées et contrastées, ce qui garantit une mise au point optimale.

Une lunette « Fluorite » est donc un instrument précieux pour la photographie planétaire. Malheureusement, son prix élevé ne la rend pas accessible à tous.

Malgré son prix très élevé, la lunette à optique fluorine s'avère être un outil incontournable pour celui qui souhaite se lancer dans l'étude des planètes, du Soleil et de la Lune.

Quel est le meilleur instrument ?

Pour vous, le meilleur instrument c'est… celui que vous utiliserez le plus souvent avec plaisir. Ce ne sera ni le plus gros, ni le plus cher, ni le plus perfectionné, mais celui qui, dans votre site habituel, vous donnera le plus souvent les plus belles images. Tel observateur, demeurant en haute montagne, pourra tirer toute la quintessence d'un télescope Schmidt-Cassegrain de 350, difficile à bien utiliser en site urbain ; tel autre, habitant en ville, se réjouira des images planétaires fournies par sa « petite lunette » de 80 mm de diamètre. À chaque site, à chaque observateur son instrument. Avant d'acheter le télescope de vos rêves, étudiez donc votre site d'observation et les facilités de transport de l'instrument. Pensez à votre portefeuille aussi !…

Bon rapport qualité / prix / compacité / puissance... tel est le plus simple qualificatif du Meade ETX 90, qui est devenu en quelques mois la coqueluche des astronomes recherchant un deuxième instrument pour l'astronomie itinérante.

La petite lunette Pronto Televue de 70 mm possède un objectif en verre ED, à l'instar des gros téléobjectifs professionnels. Elle offre des images d'une grande finesse, eu égard à son diamètre modeste.

Informatique et astronomie

Les techniques informatiques se sont imposées à un rythme soutenu dans l'astronomie amateur au cours de ces dernières années, proposant aux amoureux du ciel un large panel de possibilités nouvelles : pointage automatique, logiciels de cartographie stellaire, cercles digitaux, liens Internet..., si bien que tout concourt aujourd'hui à améliorer le confort d'utilisation de nos lunettes et de nos télescopes !

L'informatique pour tous !

Est-il besoin de rappeler l'essor actuel de l'informatique domestique ? Les ordinateurs personnels se sont à tel point imposés dans nos foyers que l'astronome amateur lui-même n'hésite plus à « rêver» devant son écran en découvrant le ciel par logiciels interposés ! Les progrès dans ce domaine ont été, il est vrai, considérables, et il existe aujourd'hui sur le marché français des programmes fantastiques permettant de se promener dans le système solaire, de découvrir d'autres étoiles, ou de voir en détail des amas de galaxies en trois dimensions sans quitter son salon. Le développement du DVD-ROM aux colossales capacités de stockage d'informations, ou la démocratisation de l'Internet offrant la possibilité de collecter de nouvelles données ou de mettre à jour ses programmes, tendent à accélérer encore un peu plus ce processus.

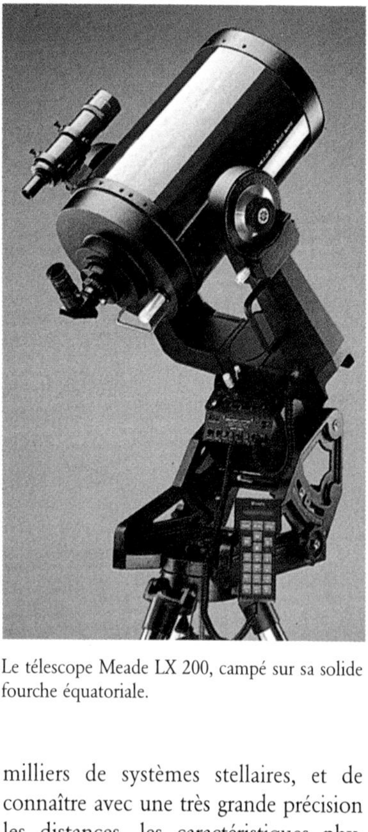

Le télescope Meade LX 200, campé sur sa solide fourche équatoriale.

Aujourd'hui, il est possible de visiter l'Univers comme si on était à bord d'un vaisseau spatial. Grâce aux données fournies par le satellite Hipparcos, des logiciels comme *Redshift 3* permettent ainsi de véritablement plonger au cœur de milliers de systèmes stellaires, et de connaître avec une très grande précision les distances, les caractéristiques phy-

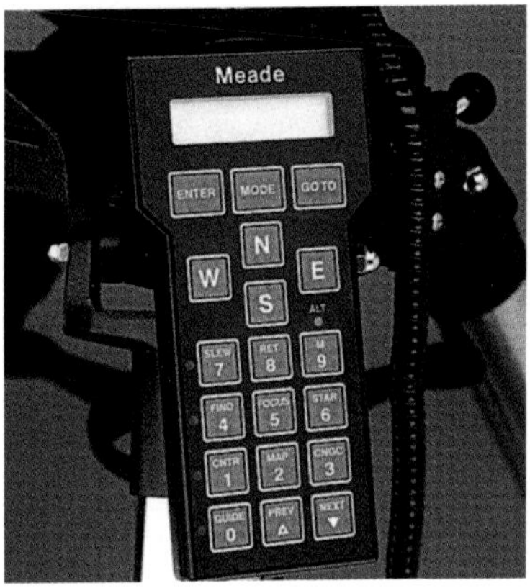

La raquette de commande du télescope Meade LX 200 permet de pointer automatiquement pas moins de 10 000 objets mémorisés dans son catalogue. Il couvre ainsi la quasi totalité des sujets intéressants du ciel.

siques ou spectrales de ces lointains soleils. D'autres logiciels, comme *Starry Night*, vous projettent avec un réalisme exceptionnel sous les meilleurs ciels du monde, avec une reproduction fidèle de la voûte étoilée, quel que soit le site d'observation que vous choisissiez, avec des zooms de toute beauté sur les nébuleuses et les galaxies par apparition progressive des formes et des couleurs, comme si vous aviez l'œil collé à l'oculaire d'un grand télescope ! D'autres programmes enfin, comme *Pises-Atlas Prism*, synthétisent à la fois la cartographie stellaire, le pointage automatique d'un instrument motorisé, et le traitement d'images CCD. Dans tous les cas, la qualité d'ensemble des affichages et des fonctions proposées à l'utilisateur ouvrent des perspectives quasiment sans limites, dans la découverte et l'approfondissement de tous les domaines liés à l'astronomie, renforçant de ce fait un peu plus notre passion pour l'Univers.

Des télescopes intelligents

En l'espace de quelques années, l'informatique a aussi envahi les montures des instruments pour amateurs ! Les premières générations automatisées ont vu le jour à la fin des années 80 avec l'apparition des Celestron Compustar, équipés d'un calculateur électronique et de moteurs chargés de pointer le télescope automatiquement en direction de l'objet désiré.

Quelques années plus tard, la société américaine Meade lançait sur le marché ce qui allait devenir LA révolution de l'astronomie d'amateurs : les télescopes Schmidt-Cassegrain série LX 200. Avec ces instruments, l'utilisateur découvre alors un nouveau monde, avec un système de pointage facile à mettre en œuvre grâce à une mise en station simplifiée (on se contente de pointer seulement deux étoiles repères !), et grâce à la suppression de la monture équatoriale pour une monture altazimutale inspirée des grands observatoires (le mouvement apparent de la sphère céleste est compensé artificiellement par la mise en fonction simultanée des axes vertical et horizontal).

Avec une raquette de commande possédant quelque 65 000 objets mémorisés de toutes sortes (étoiles, amas d'étoiles, nébuleuses, galaxies, planètes, etc.), il devient aisé de trouver des objets si difficiles à déceler auparavant.

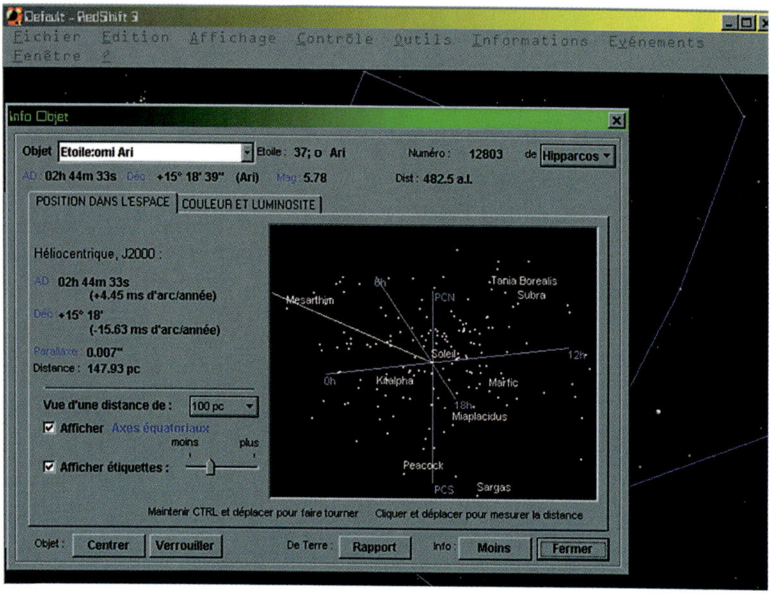

Les logiciels les plus récents permettent d'étudier l'Univers en trois dimensions.

Vers quelle astronomie allons-nous ?

Il devient de plus en plus évident que l'informatique gagnera les lunettes et télescopes pour simples débutants ! La fin des années 90 a vu l'apparition d'instruments à pointage automatique à prix particulièrement abordables. Ainsi, Meade et Celestron ont étendu leur gamme avec des modèles compacts très attractifs : les Meade ETX 90 et 125, ainsi que le Celestron Nexstar 125, affichent des caractéristiques haut de gamme avec plus de 12 000 objets mémorisés, dont de nombreux astéroïdes et autres comètes périodiques ! Ils offrent aussi la possibilité de les connecter à des ordinateurs équipés de logiciels aux bases de données encore plus importantes.

L'an 2000 est d'ores et déjà celui de la généralisation de ces technologies à des lunettes et des télescopes de première gamme (60 mm et 115 mm de diamètre notamment). Équipés de montures altazimutales, ces instruments facilitent les réglages autrefois fastidieux de la mise en station, l'observateur se contentant de diriger vers le nord sa monture, puis de pointer une étoile repère. Après quoi, il lui suffit de taper sur sa raquette de commande la référence de l'objet souhaité (NGC 7000, M 42, Saturne, etc.) pour voir sa lunette ou son télescope se diriger tranquillement, et avec précision, vers sa destination.

Les fabricants, soucieux d'assurer la pérennité de leurs matériels non équipés d'origine de ce genre de systèmes, ont conçu des accessoires additifs afin de pallier ce handicap. Des sociétés comme Vixen, par exemple, ont adopté sur leur gamme Great Polaris le système de pointage automatique Skysensor 2000. Une raquette de contrôle, complétée de moteurs pas à pas haute fréquence, assure un pointage rigoureux de tous les types d'objets, avec l'intégration de fonctions complémentaires particulièrement ingénieuses. C'est ainsi que le Skysensor 2000 est capable de trouver des centaines de cratères lunaires, ou de vous indiquer par un « bip » sonore qu'un satellite artificiel est sur le point de traverser le champ de l'oculaire : que désirez-vous alors faire ? Continuer tranquillement votre séance d'observation ou au contraire traquer le satellite ?... l'astronomie devient, décidément, un jeu d'enfants.

Toujours dans le souci d'offrir les automatismes de demain sur les matériels d'hier, les constructeurs ont développé la technologie des cercles digitaux. Celle-ci se base sur des encodeurs optiques, sortes de boîtiers fixés sur les axes de la monture de l'instrument. Chaque encodeur est chargé de « lire », pas à pas, la rotation de ces axes et vous indique la différence entre la position actuelle de votre monture et la position où elle devrait être pour se situer exactement sur l'objet recherché. Une raquette de commande à affichage alphanumérique fournit à l'observateur toutes les informations concernant l'objet en question : nom, référence dans divers catalogues, type, luminosité, diamètre apparent, etc.

L'Internet au service de l'amateur

Le réseau international ouvre les portes d'accès à un monde illimité : télécharger des mises à jour de votre logiciel d'astronomie préféré, connaître en détail les caractéristiques d'une comète nouvellement découverte, savoir à la seconde près les heures de levers, de couchers et de passages au méridien d'un astre en un lieu géographique donné, découvrir les dernières images réalisées par les plus grands observatoires de la planète, échanger des informations avec un amateur au Japon, en Australie ou au Chili... tout ce qui, il y a quelques années, relevait plus du rêve ou de l'utopie que de la réalité, est maintenant facilement réalisable depuis son ordinateur personnel, installé confortablement dans son salon. D'ores et déjà, de très nombreux sites sont dédiés à l'astronomie professionnelle et à l'astronomie d'amateur. Toutes les informations, qu'elles soient générales ou plus techniques, y sont accessibles auprès de simples amateurs, de techniciens opticiens, ou de revendeurs de matériels spécialisés. Des exemples concrets, grâce à l'insertion d'images ou de vidéos, agrémentent des textes souvent bien détaillés et explicites. De quoi inciter l'amateur à persévérer dans sa passion grandissante...

LA PRISE DE VUE

Savez-vous que vous pouvez obtenir des clichés impressionnants de la Voie lactée avec l'équatorial-planchette à charnière que vous aurez construit vous-même ? Mais si vous êtes un peu photographe, vous utiliserez votre télescope pour débuter en astrophotographie. Les clichés lunaires sont à la portée de tous les amateurs. Quelles sont les méthodes à employer selon le type d'objet céleste à cibler ? Comment en choisir une et quels sont les accessoires indispensables ? Dans les pages qui suivent, apprenez l'abc de l'astrophotographie d'amateur. Quant aux caméras CCD, nouvelles venues en astronomie, elles exigent un équipement plus complexe mais ne présentent pas de difficultés insurmontables. Si vous pouvez disposer d'un budget confortable, découvrez-les en vous initiant à l'astro-vidéo-informatique.

L'astrophoto sans télescope

Tout le monde possède un appareil 24 x 36, mais qui pense à l'utiliser sur le ciel nocturne ? Grâce à quelques astuces très simples, vous pouvez réussir des clichés spectaculaires et devenir « reporter de la nuit étoilée ».

Avez-vous déjà dirigé votre appareil photo vers le ciel étoilé ? Non, sans doute… Et pourtant, l'image de la Lune, des planètes et des constellations se fixe facilement sur la pellicule d'un appareil classique 24 x 36. Mais attention ! Il est indispensable de pouvoir « poser », c'est-à-dire de pouvoir réaliser une exposition plus longue que l'instantané (plus de 1/30 de seconde) en maintenant le boîtier rigoureusement immobile.

Voilà pourquoi, après avoir goûté aux observations visuelles, vous en viendrez tout naturellement à l'astrophotographie, qui vous ouvrira de nouvelles perspectives. Commencez donc par la photo sans télescope.

L'astrophoto sans télescope

Tous les appareils ne conviennent pas à l'astrophotographie (par exemple, les appareils du genre « disc », 110 ou compacts, certains appareils automatiques à cellule incorporée et, bien entendu, les Polaroid).

L'idéal est un appareil reflex, mais il doit être impérativement équipé de la pose B mécanique et pouvoir recevoir un déclencheur souple à blocage : vous appuyez, l'obturateur s'ouvre ; vous bloquez, il reste ouvert ; vous débloquez, il se ferme. Il se peut que l'appareil possède en plus la pose T, dite « en deux temps » : vous appuyez, l'obturateur s'ouvre et demeure ouvert ; vous appuyez une seconde fois, l'obturateur se ferme.

Pour réaliser des « chapelets », il faut pouvoir débrayer l'avance du film. Il est donc très intéressant que votre appareil possède un système de surimpression pour réaliser plusieurs poses sur la même vue.

Votre boîtier doit être fixé sur un pied très stable amortissant rapidement les vibrations. Si l'objectif n'est pas interchangeable, il faut qu'il ouvre à f/2,8 ou mieux f/1,4. L'emploi d'une cellule est impossible en astrophotographie parce que la lumière à mesurer est trop faible.

Ouvrez le diaphragme au maximum, réglez sur l'infini et fixez le déclencheur souple sur l'appareil en pose B : vous voilà paré…

Opérez dans l'obscurité totale, donc loin des routes et des lampadaires, en tournant le dos aux très faibles lueurs que vous ne pouvez masquer.

Vérifiez la stabilité du pied et la fixation de votre appareil sur ce pied. Si la prise de vue s'effectue vers le zénith avec un appareil au sol, posez-le sur un plastique blanc afin de repérer sa position dans l'obscurité.

Vingt minutes avant la prise de clichés, mettez votre appareil « en température » pour éviter le dépôt de rosée sur l'objectif, cause fréquente d'insuccès. Vous pourriez y remédier en enfilant sur l'objectif un petit cylindre de buvard… mais veillez à ce que ce rouleau ne limite pas le champ et qu'il ne se replie pas devant l'objectif.

Vérifiez aussi que le film est bien en place et enclenché pour la prise de vue. Ne précipitez jamais les manœuvres en faisant avancer la vue suivante. Il est toujours payant de gâcher un peu de film. Connaissez-vous le pourcentage de très beaux clichés dans un reportage professionnel ? Tout au plus 5 ou 6 %… N'espérez pas faire mieux en astrophoto.

Les astres sont de très faibles clartés lointaines. Il vous faut donc un objectif le plus « ouvert » possible. Mais votre objectif est-il très ouvert ? Pour le savoir, divisez sa distance focale par le diamètre de sa lentille et vous obtiendrez le nombre qui représente son « ouverture relative » ; ou mieux : lisez la bague des diaphragmes où cette ouverture est indiquée par le nombre le plus petit. Exemple : votre 45 mm de focale possède une lentille frontale de 20 mm de diamètre. Il ouvre donc à 45 : 20 = 2,2. Une ouverture de 1,7 ou de 1,4 serait meilleure encore. Vous travaillerez toujours avec le diaphragme complètement ouvert (donc sur son plus petit numéro).

Autre règle du jeu : votre pied photo n'est probablement pas assez rigide. Pour le renforcer, rentrez les « pieds du pied », écartez-les le plus possible et suspendez dans l'axe un sac plastique rempli d'un ou deux kilos de sable ou de cailloux,

Le ciel tourne ! La preuve : avec votre appareil photo, posez entre une et deux heures en direction du pôle… Et si c'était la Terre qui tournait ?

afin d'abaisser le centre de gravité de l'ensemble. Les vibrations produites par le vent et les trépidations du sol seront ainsi mieux amorties et, votre appareil étant plus stable, les clichés seront plus nets.

Votre pellicule doit être d'autant plus rapide que le phénomène à photographier est fugitif (par exemple les étoiles filantes).

En noir et blanc, choisissez des films rapides de type Kodak T-MAX 400 ou Ilford Delta 400. Pour la couleur papier, du Fujicolor Superia 400 ou 800 ; pour les diapositives couleur, du Kodak Élite 400 ou du Fujichrome Provia 1600.

La ronde des étoiles

Puisque le ciel étoilé tourne comme une coupole, vous allez enregistrer cette rotation. Rien de plus facile : il suffit de prolonger la pose pour que les étoiles laissent des traînées sur le cliché.

Choisissez une nuit pure, très sombre, sans clair de lune ni lumière parasite. Chargez votre appareil avec un film en noir et blanc ou en couleurs du type de ceux conseillés ci-dessus. Placez-vous face à l'étoile Polaire et cadrez-la au jugé aux 2/3 supérieurs de votre viseur. Ce n'est pas commode, même à travers un viseur reflex. Fermez les yeux pendant quelques minutes avant de cadrer. Placez un premier plan : maison, arbres vers le bas, à gauche ou à droite du champ. Bloquez votre trépied au sol en posant une pierre en biais sur chacun des pieds.

Déclenchez en pose B et bloquez votre déclencheur souple. Exposez 2 heures et même 3 heures si possible. Les étoiles vont s'inscrire sur le film comme des arcs plus ou moins longs autour du pôle et leurs trajectoires circulaires seront parallèles. La Polaire sera très près du centre de cette rotation, ce qui prouve qu'elle ne se trouve pas tout à fait au pôle céleste.

Vous pouvez varier les effets en visant vers l'horizon sud où les traînées stellaires seront convexes ; vers l'est où elles seront courbées du nord vers le sud en montant, tandis que, vers l'ouest, elles sembleront courbées en sens inverse en descendant.

Voulez-vous un effet esthétique inattendu ? Pratiquez l'*open flash* en gardant votre flash à la main sans le relier à l'appareil. Vous appuierez une ou deux fois sur le bouton du flash pendant les premières minutes de pose pour éclairer faiblement un plan rapproché, comme une silhouette fantastique, tandis que les lointains se détacheront à contre-jour devant les traînées d'étoiles.

Des traînées d'étoiles prises vers l'équateur céleste et l'horizon sont presque rectilignes et montrent la direction de l'est ou de l'ouest.

Sur le cliché, vous noterez aussi les colorations des étoiles, qui indiquent leur température de surface. Les étoiles bleues sont les plus chaudes (jusqu'à

30 000 degrés K), les étoiles orangées les moins chaudes (3 500 degrés K).

Expérience photographique simple et probante… La Terre semble immobile comme un disque plat surmonté d'une calotte sphérique en rotation. Illusion ! Ne dites plus : « Allons voir la Lune se lever », mais plutôt : « Allons regarder la Terre tourner… »

Rassemblements planétaires autour de la Lune

Les amateurs de beaux clichés guetteront les conjonctions de la Lune avec une planète brillante comme Vénus ou Jupiter. Ces rapprochements, indiqués dans les éphémérides des revues d'astronomie, sont d'autant plus spectaculaires qu'ils sont plus serrés (moins de 2°).

Aux jumelles, une conjonction vaut souvent le coup d'œil, mais, dans un télescope, l'observation ne présente pas d'intérêt parce que le rapprochement est démultiplié par le grossissement, les astres semblant alors très écartés. Le phénomène mérite pourtant un cliché, que l'on peut réaliser souvent après le coucher du Soleil, ou tôt le matin durant les premières lueurs de l'aube, une quarantaine de minutes avant le lever du Soleil.

Imaginez un croissant lunaire entouré d'une ou deux planètes, ou d'une étoile brillante sur un fond de ciel crépusculaire où se découperait un arrière-plan terrestre aux silhouettes sombres – ou bien tout cela sur un paysage marin qui donnerait une profondeur au cliché.

La visée est facile et, pour un film de 64 à 400 ISO et une ouverture de f/2,8, une ou deux secondes suffiront pour obtenir un beau cliché en couleurs. Le temps de pose est toujours fonction de la brillance du crépuscule. Prenez donc trois clichés en doublant le temps de

Photographier une constellation entière est possible avec un objectif de 35 mm, surtout lorsqu'il y a rassemblement comme ici : la Lune surmontée de Jupiter, au centre ; à droite, Mars tout à côté de Régulus ; à gauche, Saturne. L'ensemble dans la constellation du Lion. Pose de 30 secondes sur Ekta 200 avec un Minox 35 EL.

pose à chaque fois (1/2 s, 1 s, 2 s). Un téléobjectif peut être avantageusement employé avec un film couleur papier Fujicolor Superia 200 ou 400 ou avec du Fujichrome Sensia 100 ou 200 pour des diapositives. D'une manière générale, vous pouvez photographier ainsi tout phénomène céleste bien visible à l'œil nu, même en ville, à condition de vous protéger des éclairages publics et des phares de voitures.

Mieux encore : vous pourriez effectuer une séquence de poses également espacées toutes les 4 à 5 minutes – en surexpositions successives – pour obtenir une série de croissants lunaires descendant obliquement vers l'horizon, accompagnée d'une succession de points lumineux, très spectaculaire sur une diapo.

Pour multiplier les poses sur le même cliché, il faut ouvrir une seule fois l'obturateur en pose B avec un déclencheur à blocage, tandis que l'objectif sera masqué par un cache. Il suffit ensuite de le découvrir puis de le recouvrir à intervalles réguliers afin d'obtenir la série désirée. Pour ne pas ébranler l'appareil en démasquant son objectif, utilisez la technique de la raquette mobile décrite dans la suite de l'ouvrage.

La Lune au téléobjectif

Avec un téléobjectif de 200 mm de longueur focale, l'image de la Lune sur la pellicule mesure 2 mm de diamètre et, à l'agrandissement ou à la projection s'il s'agit d'une diapositive, vous distinguerez la délimitation des grandes plaines lunaires.

À titre indicatif, voici quelques temps de pose approximatifs :

• Premier Quartier ou Dernier Quartier : à f/8, avec film 100 ISO, 1/30 s ;

• Pleine Lune : à f/11, avec film 100 ISO, 1/125 s.

Du 3e au 5e soir après la Nouvelle Lune, vous essaierez de photographier la lumière cendrée. Même possibilité, de 5 à

Les « rendez-vous » planétaires du crépuscule sont toujours de splendides spectacles faciles à saisir. Ici, Vénus, Mars et Jupiter dans le ciel de Paris. Objectif de 35 mm.

Une pose de 3 secondes sur Ektachrome 160 a permis de surprendre Vénus et la Lune, dont on aperçoit la lumière cendrée. Objectif de 105 mm.

La Lune au Dernier Quartier avec sa lumière cendrée. Objectif de 200 mm + doubleur de focale. Deux secondes de pose sur Fuji 400.

3 jours avant la Nouvelle Lune suivante. Avec votre appareil fixé sur pied, posez au plus 5 secondes à f/5,6 avec un film 100 ISO. Le croissant sera surexposé, mais vous ferez mieux ressortir la lumière cendrée avec peut-être quelques nuances de détails. Les clichés sur diapo couleur permettent d'éviter l'effet de labo.

Comment photographier une constellation entière ?

Certaines constellations ont des formes si caractéristiques qu'il est toujours intéressant de les photographier ; c'est le cas par exemple de la Grande Ourse,

Il est possible de photographier la Lune avec un simple téléobjectif de 400 mm de focale. Les principales configurations sont visibles.

Lever de Vénus dans les Gémeaux saisi avec une pose de une minute avec un objectif de 35 mm sur Ektachrome 400.

d'Orion, de Cassiopée ou du Bouvier. Mais ces clichés ne seront vraiment « parlants » que si ces constellations sont enregistrées en entier et avec des étoiles ponctuelles. En effet, lorsque vous photographiez des étoiles avec un appareil immobile, il existe un temps de pose limite au-delà duquel ces étoiles cesseront d'être ponctuelles et « s'allongeront » en traînées proportionnelles au temps. Pour réussir de tels clichés, il faut remplir trois conditions : utiliser un appareil à objectif classique de 50 mm de focale au maximum et poser une douzaine de secondes sur un film d'au moins 400 ISO (donc très sensible) : les astres n'auront ainsi pas le temps de dessiner des traînées sur le film.

Voici une formule très simple pour calculer le temps de pose maximal en fonction de la focale de votre objectif :

$T = 60 : f$

où T exprime le temps de pose en secondes et f la focale de l'objectif en centimètres.

Pour revenir à l'exemple précédent, $T = 60 : 5 = 12$ secondes, mais, avec un objectif grand-angulaire de 28 mm de focale, vous disposez d'un champ de 45° x 64° et vous pourriez poser jusqu'à 20 secondes sans que les étoiles cessent d'être ponctuelles. Si vous « poussez » un peu, elles s'ovaliseront légèrement. Avec un 50 mm, vous couvrez un champ rectangulaire de 26° x 39°, mais, avec un téléobjectif de 135 mm, vous ne pourrez

dépasser 4 à 5 secondes de pose et vous ne couvrirez qu'un champ de 10° à 15° – ce qui permet de photographier en entier la plupart des constellations… à condition de pointer juste, au jugé presque toujours.

Employez des films rapides (de 400 à 1 000 ISO) et ouvrez toujours le diaphragme au maximum. Est-il besoin d'ajouter qu'il faut opérer par nuit pure et sans Lune ?

En utilisant systématiquement cette méthode, vous pourriez vous constituer un atlas personnel des constellations les plus caractéristiques, où certaines étoiles de 7e et de 8e magnitude seront souvent enregistrées. En diapo couleur, vous apprécierez la diversité des températures stellaires, des étoiles bleues, très chaudes, aux plus rouges (près de mille fois moins chaudes).

Ce qu'il faut savoir sur les satellites artificiels

Vous avez certainement déjà observé un satellite artificiel, ressemblant à une étoile lentement mobile, en début de nuit ou avant l'aube. Chaque soir, une petite dizaine de satellites sont ainsi observables. Vous savez que ces petits corps ne sont pas lumineux par eux-mêmes et ne peuvent être aperçus que lorsque le Soleil les éclaire. Pour être bien visibles, ils doivent être d'assez grandes dimensions, de couleur claire et circuler sur orbite basse (de 200 à 400 km d'altitude). Mais surtout, ils doivent être observés sur fond de ciel assez sombre (donc au moins une demi-heure après le coucher du Soleil ou avant son lever) et se trouver en dehors du cône d'ombre de la Terre (donc jamais au milieu de la nuit). C'est en été que vous en observerez le plus.

Des jumelles peuvent vous aider à découvrir des satellites artificiels. Une « fouille » au hasard vers le zénith permet souvent de prendre en chasse un minuscule point lumineux dont le déplacement n'était pas repérable à l'œil nu.

Certains satellites ont un éclat constant parce qu'ils sont sphériques et présentent une surface uniformément réfléchissante. Il s'agit alors presque toujours de satellites à mission scientifique. D'autres semblent clignoter parce qu'ils sont dissymétriques et culbutent en rotation. Ce sont des étages de fusées, satellisés récemment si les flashes sont rapprochés, ou depuis plusieurs mois s'ils sont plus espacés. Ils réfléchissent donc différemment la lumière solaire selon leur orientation.

Ils peuvent traverser le ciel en quelques minutes (mais toujours en moins d'un quart d'heure) et présenter parfois l'éclat des plus brillantes étoiles. Si l'éclat du satellite est très élevé (de magnitude – 1, par exemple), il s'agit souvent d'un objet circulant à basse altitude (à moins de 200 km).

Essayez de repérer la direction de leur trajectoire apparente. Si elle est orientée à peu près ouest-est, il s'agit d'une station spatiale ; mais si elle se dirige dans le plan nord-sud, en orbite « polaire », il s'agit peut-être d'un satellite d'observation puisque ce genre d'orbite permet un survol de toutes les régions terrestres. Les satellites géostationnaires sont trop élevés pour être visibles à l'œil nu.

Tous ces satellites constituent pour l'amateur d'astronomie un spectacle permanent parfois très surprenant.

Même s'il fait nuit au lieu où vous les observez, la visibilité des satellites artificiels est déterminée par la limite du cône d'ombre de la Terre, mais entre l'ombre et la pleine lumière il existe une zone de pénombre où les satellites peuvent être faiblement aperçus.

Les jumelles sont l'instrument idéal pour les observer, apparaissant toujours comme des points minuscules. Vous constaterez un phénomène intéressant : le soir, la diminution progressive de leur luminosité lorsqu'ils pénètrent dans l'ombre de la Terre ; le matin, l'augmentation progressive de leur luminosité à leur sortie de cette ombre.

Un simple objectif de 50 mm et une pose de 30 secondes ont suffi pour capter la comète Hale-Bopp en région parisienne. Film Fuji 800 ISO.

Comment photographier les étoiles filantes et les satellites artificiels ?

Il est souvent intéressant de photographier ces points lumineux mobiles, les satellites étant plus faciles à saisir que les étoiles filantes.

Quelques règles de bon sens : objectif grand-angulaire si possible, ouvert à f/2 et réglé sur l'infini, obturateur ouvert en pose B, déclencheur bloqué, appareil braqué vers le zénith, film rapide (au moins 400 ISO), pose de 3 à 5 minutes pour obtenir des traînées d'étoiles très courtes.

La plupart des clichés sont accidentels, sauf quand on opère aux dates privilégiées pour les étoiles filantes. Celles-ci s'enregistrent sous la forme d'un fuseau lumineux plus ou moins discret, avec une

Les étoiles filantes en quelques chiffres

Altitude : de 70 à 110 km.
Masse : quelques centigrammes.
Vitesse relative : de 13 à 71 km/s
Composition :
lithoïdes (silice et magnésium)
sidérides (fer, nickel, cobalt)
sidérolithes (silice, fer, nickel)
Dates privilégiées :
21 avril, 11 août, 9 et 20 octobre, 1er novembre, 16 novembre.

partie centrale légèrement renflée correspondant au maximum d'éclat. Il peut y avoir plusieurs maxima successifs quand la météorite se désagrège. Pour qu'une étoile filante laisse une trace visible sur un cliché, il faut qu'elle présente l'éclat de Jupiter, ce qui est rarement le cas.

Au contraire, les satellites artificiels marquent sur les clichés une traînée rectiligne, régulière dans son épaisseur, continue si le satellite présente un éclat constant – ou hachurée (pointillés ou tirets) si le satellite culbute sur lui-même. Il faut habituellement de 20 à 30 secondes pour qu'un satellite traverse le champ d'un cliché.

Étoiles filantes et satellites artificiels sont presque toujours des intrus sur les clichés à longue pose du ciel profond. Avions clignoteurs viennent souvent s'y ajouter... c'est donc par hasard que ces indésirables seront enregistrés et fourniront de curieux clichés de collection.

Avec seulement 10 minutes de pose, vous mettrez en évidence la rotation de la Terre. Objectif 1,8 de 50 mm, film Fuji 1600 ISO.

Les draperies du ciel

Les aurores boréales sont des phénomènes lumineux de la haute atmosphère terrestre, produits par l'arrivée de particules électrisées expulsées du Soleil. Le rayonnement corpusculaire du Soleil parcourt la distance de 150 millions de kilomètres en un peu moins d'une journée, à la vitesse de 2 000 km par seconde. Les aurores se présentent souvent comme des draperies rouges ou jaune-vert, ondulant très lentement à 100 km d'altitude, parfois striées de faisceaux blanchâtres ressemblant à des faisceaux de projecteurs mobiles.

En période d'intense activité solaire, vous pourrez parfois observer, dans le nord de la France, des lueurs aurorales analogues à des fins de crépuscule mais visibles en pleine nuit dans la direction du pôle Nord magnétique (entre le nord et le nord-ouest) par ciel clair et loin des lumières urbaines.

Pour les photographier, utilisez un grand-angulaire très ouvert, équipé d'un film ultrasensible en couleur, de préférence de type papier Fujicolor Superia 800 ou diapositive Fujichrome Provia 1600, et posez une vingtaine de secondes, pas plus puisque le phénomène évolue continuellement. Spectacle assez rare sous nos latitudes mais assez fréquent en Suède et en Norvège.

Comment construire un équatorial-planchette

L'équatorial-planchette à charnière est le premier outil de l'astrophotographe amateur qui ne dispose que d'un 24 x 36 reflex pour photographier le ciel. Avec lui, vous ferez votre première plongée dans le ciel profond...

Pour photographier le ciel, il faut disposer d'une monture équatoriale, souvent lourde, encombrante, onéreuse... et délicate à mettre en station. L'idéal serait de disposer d'un système simple, capable de « figer » le ciel pendant quelques minutes, temps nécessaire pour obtenir des clichés de la Voie lactée, des grands champs stellaires et même de certaines nébuleuses et comètes. Cet appareil existe : c'est l'équatorial-charnière ou équatorial-planchette, et vous pouvez le construire pour une somme dérisoire.

Dans son principe, il est constitué de trois planchettes de contreplaqué dont l'une s'articule autour d'une charnière, poussée par une vis tournée à la main en contrôlant sa rotation avec une montre. L'axe-charnière est orienté vers l'étoile Polaire, et la planchette médiane est maintenue à un angle égal à la latitude du lieu, grâce aux coulisseaux modifiés pour être bloqués en position par des écrous papillons. Le mouvement s'obtient par la rotation de la vis, à raison de un tour par minute.

Il est important que vous respectiez certains impératifs de construction :

• L'ensemble doit être monté de telle sorte que, une fois replié, les trois planchettes soient parfaitement empilées. (Se référer aux schémas qui suivent).

• Le centre de l'écrou à double filet de la vis d'assemblage doit être rigoureusement monté à 183 mm de l'axe de la charnière (PO), et légèrement incliné de manière que la vis se trouve perpendiculaire au plan mobile (A) au milieu de sa course.

L'ensemble, ainsi replié, est à peine plus encombrant qu'un livre et peut s'emporter facilement en voyage.

Montage

Contrôlez les dimensions et la planéité de vos planchettes et assurez-vous de leur parfait empilement. Marquez au crayon l'emplacement des bases des coulisseaux et pointez leurs trous ainsi que ceux des deux charnières préalablement coupées à 22 et 15 cm. Respectez bien le sens de montage des charnières et des bases de coulisseaux. Un montage exécuté à l'envers fonctionnerait... dans l'hémisphère Sud !

Marquez au poinçon l'emplacement des trous devant recevoir les vis. Les coulisseaux possèdent une petite pièce pri-

Voici l'expression la plus simple de la notion d'équatorial : trois planchettes de contreplaqué et deux charnières à piano. Tournez la vis (juste un tour par minute) et le ciel profond vous appartient !

sonnière de leur glissière. Il faut faire sauter le rivet qui l'emprisonne. Pour y parvenir, posez l'ensemble entre deux supports rigides, comme les mâchoires d'un étau, et chassez le rivet par l'arrière en vous aidant d'un outil pointu et d'un marteau, ou bien percez le centre du rivet avec une perceuse électrique.

Sur chacun des petits côtés de B, percez un trou de 3,5 mm de diamètre et de 20 mm de profondeur à 7,5 cm de l'un des bords en E. Ces trous recevront les vis de 4 mm de diamètre et de 35 mm de longueur dont vous aurez scié les têtes. Enduisez-en l'intérieur d'un peu de colle époxyde et introduisez le côté scié des vis dont vous ne laisserez dépasser que 10 à 15 mm à l'extérieur. Veillez à ce que la colle ne coule pas sur la partie utile du filetage.

Matériel nécessaire

Outillage

1 tournevis moyen (lame plate)
1 petite scie à métaux
1 vrille ou, mieux, 1 perceuse (même manuelle)
1 poinçon ou pointe carrée
1 crayon + gomme
1 équerre + règle graduée, colle époxyde, genre Araldite

Matériaux

- **Bois :**

3 planchettes de contreplaqué de 15 à 20 mm d'épaisseur, soit :
1 de 20 x 15 cm (A)
1 de 22 x 15 cm (B)
1 de 25 x 15 cm (C)

- **Quincaillerie :**

50 cm de charnière dite « à piano » de 15 mm de largeur
20 à 25 vis à bois, type VBA, de ∅ 3 x 15
2 coulisseaux de 15 cm de longueur
2 vis à métaux de ∅ 4 x 35
2 écrous papillons ou à oreilles ∅ 4
2 vis « d'assemblage » (système composé d'une vis ∅ 5 et au pas* de 80 + un écrou fileté intérieurement pour la vis de 5 et fileté extérieurement pour se visser dans le bois)
1 écrou borgne de 5 mm
1 vis de ∅ 5 et pas de 80, de 60 mm de long
3 petits patins caoutchouc autocollants
1 élastique
1 rotule de pied photo

* Le pas d'une vis est la distance séparant deux crêtes consécutives de son filetage.

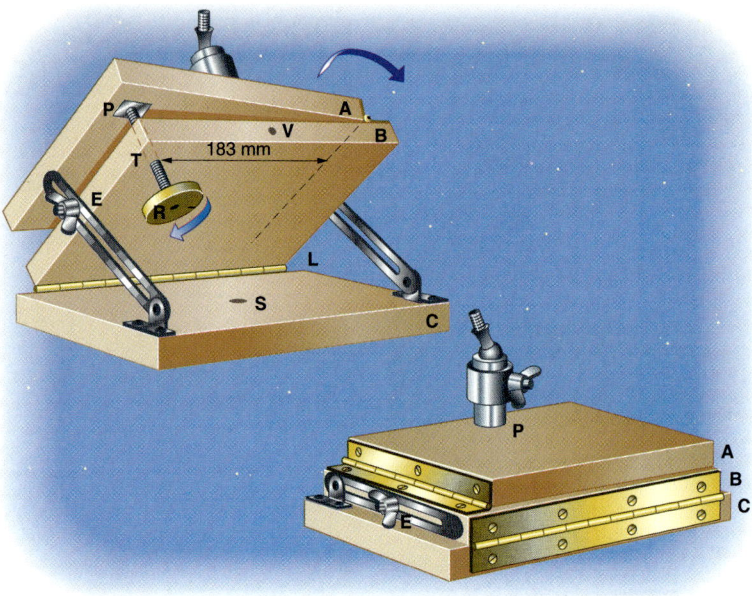

Un trou V peut être pratiqué dans B pour ranger la vis T pendant le transport.
Veillez au bon empilement des trois planchettes !

Pointez et percez l'emplacement qui recevra la vis poussante en respectant scrupuleusement la distance de 183 mm. Vissez par le dessus de B l'écrou d'assemblage, fileté extérieurement comme une vis à bois. Éventuellement, vous pouvez ajouter un second écrou d'assemblage par le dessous de B. Le guidage de la vis T n'en sera que plus précis.

Veillez à ce que les filets des deux écrous soient en regard l'un de l'autre. Une fois l'ajustage réalisé à la bonne distance, dévissez le ou les écrous et enduisez-en l'extérieur de très peu de colle avant de les remettre à leur place définitive, en prenant soin de ne pas laisser de colle à l'intérieur du filetage femelle. Introduisez une rondelle sur chaque vis E, sur chaque côté de B, puis mettez en place les glissières des coulisseaux et les écrous papillons. Le bouton R sera récupéré d'un jouet du genre Meccano ou d'un couvercle de boîte ronde, de 30 à 40 mm de diamètre. Cette roue sera adaptée à la vis de 5 x 60. Vissez la vis T à sa place et fixez à son autre extrémité un écrou borgne qui prendra appui sur une petite plaque P, faite d'un morceau de lame de rasoir ou de cutter. Vu la disparité des modèles de rotule photo disponibles dans le commerce, vous vous efforcerez d'adapter celle dont vous disposerez, par collage direct ou par perçage de A. Collez en triangle trois patins de

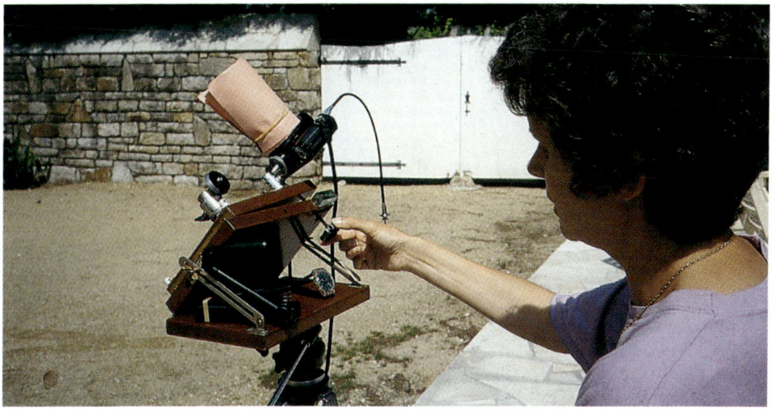

Un instrument sans équivalent pour photographier le ciel... à condition de tourner la vis dans le bon sens !

caoutchouc sur le dessous de C pour lui donner une assise stable. Vous pouvez aussi percer le centre de C, en S, pour fixer votre équatorial-charnière sur un pied photo.

Enfin, vous pouvez peindre votre œuvre avec de la laque glycérophtalique ou la vernir pour la protéger de la rosée nocturne.

Réglage et mise en rotation

Votre équatorial nécessite un réglage avant son utilisation. Découpez dans du carton fort une équerre dont un des angles aura pour mesure la latitude du lieu où vous allez observer. En France, cette valeur varie de 42 à 51 degrés. En vous aidant du tableau ci-dessous, déterminez votre latitude selon un parallèle proche de celui d'une des villes prises en exemple. Calez votre gabarit en carton dans l'angle L formé par les plans B et C que vous réglerez grâce aux coulisseaux. Le soir venu, placez votre équatorial sur un support stable, comme un muret ou un pied photo dont vous aurez enlevé la vis de fixation que vous remplacerez par une vis et un écrou de diamètre 6 et de 40 mm de longueur. Dirigez la charnière PO vers l'étoile Polaire en vi-

Latitude de quelques villes de France

Villes	Latitude
Dunkerque	51°
Dieppe, Amiens	50°
Paris, Nancy	49°
Le Mans, Mulhouse	48°
Nantes, Nevers	47°
Lyon, Clermont-Ferrand	46°
Bordeaux, Valence	45°
Montauban, Avignon	44°
Bayonne, Marseille	43°
Perpignan, Ajaccio	42°

Visez l'étoile Polaire le long de la charnière PO, et votre équatorial est opérationnel.

sant le long de son axe comme vous le feriez avec un fusil. Lorsque vous la verrez exactement dans l'alignement de cette charnière, vous pourrez considérer votre équatorial comme étant en station.

Tournez, tournez, mais dans le bon sens !

Avec votre nouvel instrument, vous allez pouvoir « saisir » nombre d'objets très spectaculaires comme des nébuleuses, des galaxies et de larges champs de Voie lactée. Il suffira, pour entraîner votre appareil, de tourner à la main le bouton R à raison de un tour par minute, dans le sens des aiguilles d'une montre.

En marquant d'un trait repère la tranche du bouton d'entraînement, vous pourrez contrôler sa rotation à l'aide d'une montre que vous éclairerez très faiblement avec une lampe de poche dont vous aurez peint l'ampoule avec du vernis à ongles rouge. Entraînez-vous à tourner à raison de un tour à la minute.

Objectifs, films et temps de pose

Presque tous les objets du ciel profond nécessitent, pour être photographiés, des objectifs « rapides » (c'est-à-dire de petit rapport d'ouverture, par exemple f/2) et des films très sensibles. Il s'agit en

Focales et temps de pose selon l'objet photographié

Objet	Exemple	Focale	Temps de pose
Constellations	Orion	50-100 mm	1 à 3 min
Voie lactée	Sagittaire	21-50 mm	10 à 20 min
Comètes		135-200 mm	15 à 20 min
Nébuleuses	North America	100-200 mm	15 à 20 min
Galaxies	Andromède	100-200 mm	20 à 25 min
Amas ouverts	Les Pléiades	50-200 mm	5 à 10 min

La Voie lactée dans le Sagittaire, photographiée avec un objectif de 35 mm sur de l'Ektachrome 400 ISO. Pose de 20 minutes.

La comète Hale-Bopp saisie le 8 avril 1997 depuis la région de Mantes. L'équatorial-planchette a permis un suivi de 6 minutes. Objectif Nikon de 50 mm sur Fuji 800 ISO.

Quelques objets intéressants à photographier avec l'équatorial-planchette

Nom	Constellation	Nature	Remarques
M 6*	Scorpion	Amas ouvert	Assez facile
M 7	Scorpion	Amas ouvert	Facile
M 9	Sagittaire	Nébuleuse diffuse	Lagoon
M 17	Sagittaire	Nébuleuse diffuse	Difficile
M 20	Sagittaire	Nébuleuse diffuse	Trifide
M 31	Andromède	Galaxie	Assez facile
M 35	Gémeaux	Nébuleuse diffuse	Petit
M 42	Orion	Amas ouvert	Très beau
M 44	Cancer	Amas ouvert	La Ruche ou la Crèche
M 45	Taureau	Amas ouvert	Pléiades, facile
h&X	Persée	Amas double	Très beau
NGC 7000**	Cygne	Nébuleuse diffuse	North America

* M : numéro dans le catalogue de Messier.
** NGC : numéro dans le New General Catalogue (de Dreyer).
Les objets cités sont positionnés sur les cartes des pages 152 à 153.

quelque sorte d'une course contre la montre, et tout doit être mis en œuvre pour raccourcir le temps de pose afin de réduire au minimum les risques d'erreurs d'entraînement et de guidage. En photo couleur (papier), vous choisirez des films Fujicolor Superia 400 ou 800, du Kodak Elite 400 ou Fujichrome Provia 1600 (diapositives). Pour le noir et blanc (papier), choisissez du TP 2415 Hyper, ou T-MAX 400 voire T-MAX 3200, ou Ilford Delta 400. L'équatorial-planchette peut entraîner des appareils munis d'objectifs dont les focales s'étageront de 20 mm (ultra-grand-angle) jusqu'à 200 mm au maximum. Faut-il préciser qu'il faudra toujours les utiliser avec leur diaphragme réglé à pleine ouverture ? Le maximum d'exposition est de 20 minutes, au-delà desquelles une dérive risque de se faire sentir. Les photos des pages précédentes ont été réalisées grâce à un équatorial-planchette du type de celui présenté dans ce chapitre. Enfin, entraînez-vous d'abord de jour pour vous familiariser avec le maniement de votre équatorial. Utilisez un déclencheur souple à blocage et assurez-vous d'avoir réglé votre appareil en pose B avant de déclencher. Il est crispant de constater que l'on a guidé pendant 20 minutes en ayant posé 1/250 de seconde !

Savoir astrophotographier : les règles d'or

Lunette ou télescope, votre instrument est un supertéléobjectif avec lequel vous pouvez photographier de nombreux objets célestes.

Avez-vous déjà pensé qu'une lunette ou un télescope sans oculaire est une chambre photographique à longue focale ? Un professionnel dirait que c'est un grand téléobjectif qu'on peut utiliser « sur le ciel ». Votre télescope de 115/900 est un « télé de 900 » et son amplification est déjà dix-huit fois plus importante que celle de l'objectif de 50 mm de focale de votre 24 x 36 (parce que 18 x 50 mm = 900 mm). Et nous verrons plus loin qu'il est possible d'obtenir des amplifications bien supérieures à l'aide de « projectifs ». En tirant un cliché, vous utiliserez toujours votre instrument comme un grand téléobjectif en calculant le rapport f/D résultant et le temps de pose probable.

La Lune en conjonction avec la planète Vénus, prise au foyer d'une petite lunette de 60 mm Zeiss équipée d'un boîtier Nikon FE muni d'un verre de type dépoli uni. Faut-il ajouter que l'obturation a été obtenue manuellement ?

Ne bougeons plus !

On s'imagine trop souvent qu'il suffit de fixer un boîtier photo à sa lunette à l'aide d'une bague-raccord pour pouvoir photographier n'importe quel objet céleste. La vérité est plus nuancée et la trop fameuse « bague » ne suffit pas… Le miroir reflex de votre boîtier est en effet responsable de bien des déceptions des astrophotographes débutants. Lors de son déclenchement, ce miroir occasionne à l'ensemble de l'instrument une secousse dont l'amplitude est multipliée par le grossissement résultant. Malheureusement, la réussite d'un cliché est liée en grande partie à l'absence totale de vibrations pendant la pose, et les petits instruments sont généralement trop instables pour permettre le déclenchement direct

La fameuse bague « raccord universel » permet de fixer un boîtier photo au foyer d'un instrument… mais cela ne suffit pas pour obtenir d'emblée des clichés parfaits ! Le déclenchement du miroir reflex occasionne au tube de l'instrument une secousse dont l'amplitude est multipliée par le grossissement résultant.

de l'obturateur de votre appareil. Il va donc falloir… ruser !

Les premiers appareils photo ne possédaient pas d'obturateur et, pour déclencher, il fallait retirer délicatement le bouchon d'objectif et le replacer après la pose. C'est un peu de cette manière qu'on doit procéder en astrophoto.

Découpez dans du carton fort un disque dont le diamètre sera de 20 % supérieur au diamètre extérieur de votre instrument. Adaptez-y un manche d'environ 20 cm de longueur. Si l'objectif de votre lunette mesure entre 60 et 90 cm, vous pouvez utiliser une raquette de ping-pong que vous peindrez en noir mat.

Votre boîtier photo étant raccordé à l'instrument, maintenez cette raquette à quelques centimètres devant l'objectif, déclenchez en pose B avec un obturateur à blocage et attendez une dizaine de secondes avant de retirer la raquette. Après la pose, replacez-la devant l'entrée du tube sans le heurter et fermez enfin l'obturateur. Cette technique s'appelle l'« occultation manuelle » ; vous l'utiliserez toujours, quel que soit l'instrument dont vous disposerez. Après avoir ainsi supprimé les secousses produites par le relèvement brutal du miroir reflex, vous devrez faire la chasse aux vibrations de votre instrument. Veillez donc aussi au bon serrage des parties mécaniques de votre monture.

Une bonne mise au point

Deuxième condition essentielle à la réussite d'un cliché astronomique : la précision de la mise au point. Au-delà d'un rapport d'ouverture de f/D = 5 (ce qui est le cas de la plupart des instruments), l'image devient très sombre et difficile à juger. Vous équiperez donc votre boîtier reflex d'un verre de visée à centre clair réticulé. Mais avec ce type de verre, et au-dessous d'un rapport de f /D = 30, l'œil a tendance à accommoder plus vite que la main, qui réalise la mise au point vraie. Vous aurez donc plutôt intérêt à utiliser un dépoli uni dont vous aurez un peu éclairci le centre avec un doigt gras ou moite. Opérez toujours avec beaucoup de précautions.

Utilisez une loupe de visée adaptable à l'oculaire de votre boîtier. Si vous portez des lunettes, ôtez-les et munissez votre appareil d'un « vari-magni » ou d'un verre correcteur de même puissance que vos lunettes. (Consultez un spécialiste dans un magasin d'appareils photographiques.)

Une bonne mise au point étant effectuée, il faut maintenant choisir le bon film.

Choisir le film

Chaque objet céleste exige des conditions particulières de prise de vue selon sa luminosité propre. Les deux principales qualités recherchées sont d'une part la plus grande finesse de grain du film et d'autre part un maximum de sensibilité, afin de réduire le temps de pose. Votre choix doit être cohérent : la Lune nécessite un film relativement lent

Principaux insuccès photographiques et leurs causes

1 Négatif d'un noir intense avec détails empâtés.	Surexposition ou surdéveloppement.
2 Négatif entièrement transparent ou image très pâle.	Pas d'exposition ou sous-exposition/sous-développement.
3 Cliché partiellement voilé par zones.	Fuite de lumière dans l'appareil ou la cuve de développement.
4 Zones « moutonnées » ou nuageuses sur le négatif.	Pas d'agitation pendant le développement.
5 Détails empâtés et flous.	Mise au point défectueuse. Turbulence atmosphérique.
6 Détails empâtés et flous, plus grain important.	Agrandissement exagéré.
7 Négatif uniformément grisâtre, même pour les perforations.	Film périmé. Conserver les films au réfrigérateur.
8 Détails ou images stellaires déformés sur les bords.	Aberration de sphéricité du miroir ou de l'objectif. Remède partiel : diaphragmer celui-ci.
9 Cliché net sur un bord et flou sur le bord opposé.	Mauvaise perpendicularité du film sur l'axe optique ou décentrement de l'objectif.
10 Cliché uniformément voilé, grisé général.	Source parasite de lumière, ou développement exagéré, ou (7).
11 Cliché flou donnant l'impression de plusieurs images superposées.	Bougé, pose trop longue avec vibrations : vent, relèvement du miroir reflex, trépidation du sol.

comme le Technical Pan 2415, alors que vous utiliserez des émulsions plus rapides de T-MAX 400 et Ilford Delta 400 ou encore le TP 2415 hypersensibilisé pour les clichés des nébuleuses et des amas.

Les films en couleurs papier sont parfaitement utilisables, en revanche les films pour diapositives couleur sont moins performants… Pour chaque sujet, nous citerons les émulsions utilisables.

Le temps de pose, cet inconnu

Un bon cliché doit être exactement posé. Mais comment calculer le temps d'exposition ? Ce temps dépend surtout de quatre facteurs : la brillance de l'objet, la luminosité de la combinaison optique employée (le rapport f/D résultant), la sensibilité du film et la transparence atmosphérique. Il varie entre 1/10 000 de

12	Plusieurs images se superposant mais sans rapport entre elles.	Film mal accroché dans l'appareil ou entraînement défectueux.
13	Vignettage : image ronde à contour sombre ou coins du cliché assombris.	Mauvaise adaptation de la bague raccord ou tube porte-oculaire trop petit en diamètre.
14	Étoiles ponctuelles au centre du cliché mais floues sur les bords.	Coma ou astigmatisme. Défaut de l'optique. Pas de remède simple.
15	Étoiles très ponctuelles au centre mais en forme de plumes sur les bords.	Aberration de coma normale sur les télescopes Newton très ouverts (f/D = 5 et en dessous).
16	Étoiles très nettes au centre mais semblant tourner autour du centre sur les bords du cliché.	Rotation du champ due à une erreur de mise en station ou suivi effectué avec une monture azimutale.
17	Étoiles en forme de virgules ou de tirets.	Erreur de mise en station et/ou manque de rappels pendant la pose.
18	Cliché excellent mais fond du ciel très clair ou laiteux (notamment sur diapo).	Ciel pollué par la lumière (éclairage urbain ou clair de lune).
19	Rayures sur le film, en longueur et parallèles.	Intérieur du boîtier photo encrassé ou défectuosité du presse-film.
20	Rayures aléatoires disposées en tous sens sur le cliché.	Manque de soins durant le développement ou essorage maladroit du film après lavage.

Toutes ces causes, hélas, se combinent souvent entre elles, et rendent le diagnostic malaisé.

L'occultation manuelle est indispensable pour réussir une photo sans faire vibrer l'instrument en déclenchant l'appareil. Ici, l'opérateur utilise un simple carton recouvert de feutrine noire.

Les cinq règles d'or de l'astrophotographie

1. La chasse aux vibrations : pratiquez l'occultation manuelle.
2. Une bonne mise au point : utilisez un verre dépoli clair.
3. Le bon choix du film : adaptez la sensibilité du film à l'objet photographié.
4. Le bon temps de pose.
5. L'appréciation et la maîtrise de la turbulence : choisissez un bon site et soyez patient…

À cela nous pourrions ajouter : réalisez une excellente mise en station préalable et un bon guidage de l'instrument.

seconde pour le Soleil (avec diaphragme et filtre) et plusieurs minutes (et même davantage) pour les étoiles et les objets diffus.

Si vous ne pouvez le calculer, le mieux est d'effectuer une séquence d'essais en doublant le temps de pose à chaque fois, selon la progression 1-2-4-8. La pose est trop longue si le disque de l'astre sur le négatif est d'un noir intense et sans détails ; elle est trop courte si le disque est à peine apparent sur le fond clair du négatif. C'est l'inverse pour une diapositive.

La tolérance du temps de pose, entre le maximum possible et le minimum, est assez étroite. Quand on a choisi un temps de pose en consultant les tables des manuels spécialisés, il est conseillé d'opérer deux essais : l'un au temps de pose immédiatement inférieur, l'autre au temps de pose supérieur (ce que les professionnels appellent « bracketter »). Il est impossible de prétendre à la justesse absolue dans ce domaine. En matière d'astrophotographie, il est toujours payant de gâcher un peu de film. Alors déclenchez, déclenchez… Une belle photo astronomique n'a pas de prix.

Le calme entre deux vagues

L'astronome André Couder disait que « la plus mauvaise partie d'un instrument est l'atmosphère ». En effet, les courants d'air de haute altitude agissent sur votre télescope comme une énorme « lentille mouvante » affectant sérieusement la qualité des images. Nous avons déjà parlé de la turbulence au chapitre «Quand,

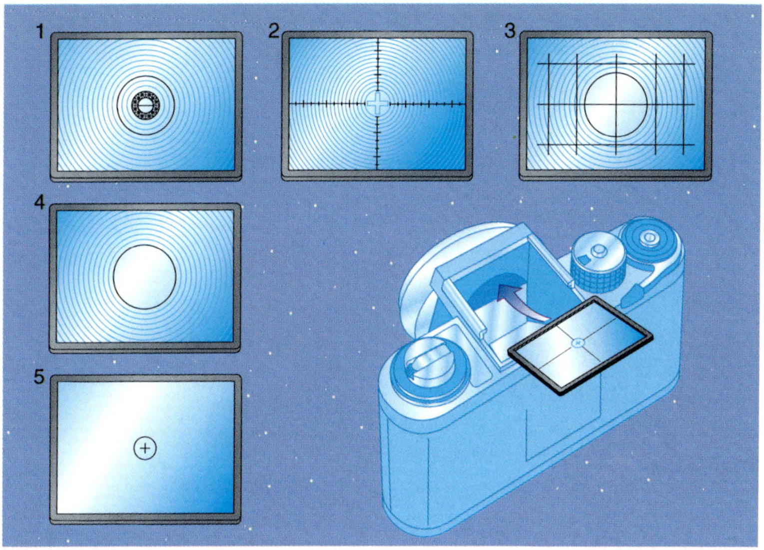

Les boîtiers photo haut de gamme peuvent être équipés de différents verres dépolis. 1 : verre standard avec stigmomètre et microprismes. 2 : lentille de Fresnel et centre clair réticulé. 3 : dépoli uni au centre, lentille de Fresnel et quadrillage. 4 : idem qu'en 3 mais sans quadrillage. 5 : dépoli uni sur toute la surface avec centre clair réticulé. Ce dernier verre est recommandé en photo à très longue focale.

où et comment observer ? ». D'autres remous peuvent encore naître tout près de l'observateur et même à l'intérieur du télescope, notamment s'il est du type Newton, dont le tube est ouvert.

Choisissez donc un site où la turbulence est minimale et mettez votre instrument « à la température » en l'installant à l'extérieur une heure avant d'observer et de photographier.

La turbulence est rarement permanente. L'art de l'astrophotographe est donc de guetter un « trou calme » en saisissant l'intervalle où il peut déclencher entre deux vagues d'agitation atmosphérique. Souvent quelques secondes suffisent. L'astronomie, c'est aussi l'école de la patience...

Un télescope photographique à vos mesures

L'image de l'objet à photographier apparaît toujours très petite au foyer d'un télescope d'amateur. Pour les grosses planètes, elle est de l'ordre du dixième de millimètre seulement... mais on peut l'agrandir de 5 à 10 fois avec un système projectif.

Quel serait le diamètre de Jupiter photographié au foyer d'un télescope de 115/900 ? Tout au plus un gros point de 2/10 de millimètre !... Cette image serait donc « illisible » et sans détail perceptible. C'est pourquoi les planètes ne sont pas photographiables directement au foyer d'un instrument d'amateur, en raison de la petitesse de leur disque apparent. Comment les « agrandir » ?

La manière la plus simple est de placer votre boîtier photo (sans objectif) derrière un oculaire, et bien aligné sur son axe optique, avec un certain « tirage » en arrière qui produira un « grandissement » de l'image formée au foyer de votre instrument. C'est un peu comme si l'oculaire jouait le rôle d'objectif pour votre boîtier. Après la mise au point sur le dépoli du reflex, c'est le tirage (c'est-à-dire la distance entre l'oculaire et la pellicule) qui détermine le grandissement de l'image finale.

Le terme habituel de grossissement ne peut s'appliquer à l'astrophoto : en revanche, le grandissement de l'image photographiable peut être évalué et mesuré. Comment calculer ce coefficient d'amplification ?

Simplement en appliquant la formule :

$$g = \frac{t}{f} - 1 \text{ où}$$

g = grandissement en « fois »,

t = tirage mesuré en mm, imposé par la longueur du raccord photo,

et f = focale de l'oculaire en mm.

Exemple : un film placé à 70 mm d'un oculaire de 10 mm de focale permettra un grandissement de :

$$\frac{70}{10} - 1 = 6 \text{ fois.}$$

Si la longueur focale de votre télescope est de 1 mètre, vous disposerez d'une focale résultante de 6 mètres. Sur le film, Jupiter présentera un diamètre de 1,5 mm et l'anneau de Saturne mesurera 1,2 mm de largeur. Ces dimensions sont juste suffisantes pour obtenir des clichés « lisibles » avec quelques détails.

Ne dépassez jamais un grandissement de 10 fois : vous obtiendriez des images floues et sombres nécessitant des poses très longues. Pourquoi ? Parce que la luminosité de l'image décroît comme le

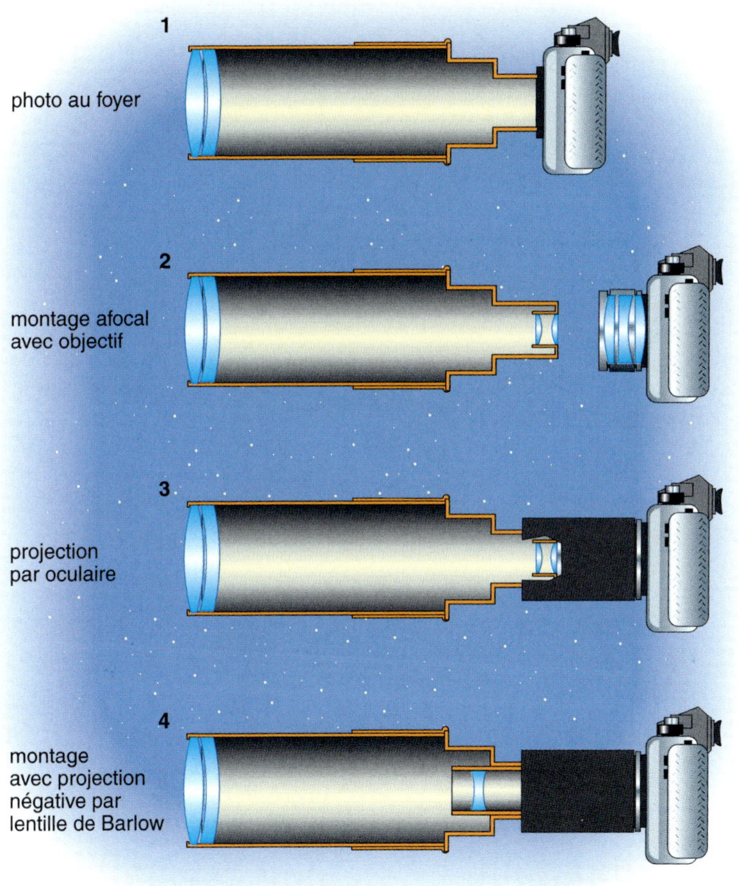

Les quatre manières d'obtenir une image photographiable :
1 : au foyer primaire ;
2 : amplification « afocale » ;
3 : amplification avec oculaire ;
4 : amplification « négative » avec une Barlow (ou un doubleur de focale).

carré du tirage. Un grandissement de 10 fois exigerait ainsi une pose 4 fois plus longue qu'une amplification de 5 fois. Ajoutons que la moindre vibration se trouve aussi multipliée par le grandissement. Nous atteignons ici la limite du réalisable.

Un télescope à géométrie variable

Vous savez qu'il est possible de modifier le grossissement de votre instrument en changeant simplement l'oculaire. Nous venons de voir qu'il est également possible d'agrandir l'image formée au foyer en utilisant un oculaire pour la projeter à l'intérieur de votre boîtier photographique. En changeant la puissance de l'oculaire servant de « projectif », vous faites varier la focale résultante de l'ensemble optique. Si maintenant, grâce à un raccord cylindrique, vous fixez votre boîtier sur votre instrument équipé d'un oculaire, vous obtiendrez dans le viseur une image beaucoup plus « grosse » que celle que vous aviez directement au foyer. Vous trouverez dans le commerce un accessoire approprié, le « raccord universel », qui, complété par la bague T2 correspondant à la baïonnette du boîtier utilisé (Minolta, Canon, Pentax...), permettra d'insérer un oculaire dans le trajet optique, entre l'instrument et le boîtier photo. En termes techniques, ce système s'appelle un « amplificateur positif extrafocal ».

En astrophoto lunaire et planétaire, les combinaisons optiques (oculaire/tirage) que vous pourrez employer sur votre télescope seront toujours les mêmes et vous calculerez une fois pour toutes le grandissement pour vos trois ou quatre oculaires.

Quant au rapport d'ouverture f/D final, il sera facile à calculer en divisant la focale résultante par le diamètre de l'objectif ou du miroir. Il augmente avec cette focale, l'ensemble du système devenant de moins en moins lumineux.

La Barlow, cette laissée-pour-compte...

La lentille de Barlow est un accessoire habituellement délaissé par les astrophotographes débutants parce que la qualité de celles qui sont fournies avec les instruments bas de gamme est souvent très discutable. Voilà pourquoi l'amateur, devenu utilisateur d'un télescope plus performant, ne cherche pas à s'équiper de cet accessoire.

L'expérience montre pourtant qu'une bonne lentille de Barlow est un outil précieux en photographie lunaire et planétaire. Certains amateurs chevronnés possèdent même un jeu de deux ou trois Barlow de puissances différentes qu'ils associent entre elles pour obtenir le grandissement désiré.

Mais, contrairement aux oculaires dont on calcule facilement le grandissement et la focale résultante, on se heurte à deux problèmes au sujet des Barlow :

1. leur focale n'est presque jamais indiquée sur la monture ;
2. il est très difficile de mesurer la distance de la lentille négative au plan focal théorique.

Pour ces raisons, nous jugeons préférable d'avoir recours à une méthode empirique très simple que nous allons détailler.

Prenez un cliché de la Lune au foyer primaire de votre instrument en vous aidant du tableau des temps de pose p. 100. Votre Barlow se compose de trois tubes de diamètres différents, dont l'élément central est généralement chromé. Dévissez la partie arrière de l'ensemble qui reçoit généralement l'oculaire. Insérez

Peu avant le Premier Quartier, le terminateur est particulièrement intéressant à observer. Remarquez ces trois cirques proches du centre, Théophile, Cyrille et Catherine, semblant empiéter les uns sur les autres. Télescope Newton de 200 mm ; agrandissement : 2 x par Barlow.

ensuite la partie chromée dans le porte-oculaire ou dans le raccord photo de votre instrument. Mettez votre boîtier en place et prenez une série de quelques clichés lunaires.

Essayez ainsi plusieurs combinaisons : Barlow utilisée seule, puis une Barlow 2 x associée à une 2,5 x ou une 3 x, ou encore une Barlow 2 x plus un doubleur de focale (qui, lui aussi, est une Barlow !). Notez chaque combinaison successivement employée.

Après développement, sous votre agrandisseur ou en projetant les images avec un projecteur de diapos, mesurez soigneusement le diamètre d'un cirque comme Copernic, Ptolémée ou Clavius sur le cliché pris au foyer (donc sans Barlow). Mesurez ensuite le diamètre du même objet pris successivement avec les autres combinaisons.

Exemple : vous disposez d'une lunette de 80 mm de diamètre et de 1 200 mm de focale (rapport f/D = 15) et vous avez obtenu les résultats suivants :

a) au foyer à f/D = 15 et f = 1 200,
diamètre de Copernic = 12 mm ;

b) avec Barlow 2 x et avec le tirage
fourni par votre raccord,
diamètre de Copernic = 29 mm ;

c) avec Barlow 2 x et doubleur de focale,
diamètre de Copernic = 63 mm
(diamètres mesurés sous votre agrandisseur).

Vous pouvez alors calculer facilement les paramètres cherchés :

a) pas de changement :
f = 1 200 mm, f/D = 15 ;

b) grandissement : 29 : 12 = 2,4
focale résultante :
1 200 mm x 2,4 = 2 880 mm
rapport f/D = 2 880 : 80 = 36 ;

c) grandissement : 63 : 12 = 5,25
focale résultante :
1 200 mm x 5,25 = 6 300 mm
rapport f/D = 6 300 : 80 = 78,7.

À ce rapport d'ouverture (f/D : 78,7), l'image est très difficile à mettre au point parce qu'elle paraît très sombre et la pose devra être 28 fois plus longue qu'au foyer primaire (5,25 x 5,25 = 28).

Les clichés de la Lune du chapitre suivant ont été pris avec des projectifs, procédé largement utilisé sur les télescopes professionnels. Une bonne Barlow est donc l'un des meilleurs achats que vous puissiez faire.

Attention aux vibrations

Plus on allonge la distance focale d'un instrument, plus on « pousse » le grossissement, plus l'ensemble optique amplifie la moindre vibration… Aucune monture actuelle, quel que soit son type, n'est stable « comme du roc ». Il faut donc être très vigilant pendant vos prises de clichés, et respecter particulièrement les règles suivantes :

- resserrez les vis de votre monture ;
- surbaissez le centre de gravité de l'instrument en utilisant son pied à sa position la plus basse ;
- suspendez entre les branches du trépied un sac rempli de quelques kilos de lest qui amortiront les minivibrations ;
- utilisez le principe de l'occultation manuelle décrit précédemment ;
- n'achetez pas de monture d'aspect

Qu'il s'agisse de photo lunaire ou stellaire, il ne faut jamais sous-estimer l'importance de la monture équatoriale qui supporte le tube optique. Celle-ci doit garantir la meilleure stabilité possible à l'instrument. Ici, la lunette Takashi FS 102 répond en tous points à ces critères.

maigrelet, aux tiges de contrepoids trop fines et au trépied « en pattes d'araignée ».

Le vent, même léger, un camion roulant dans le voisinage et un déclenchement d'obturateur sans occultation manuelle peuvent gâcher votre plus beau cliché lunaire.

Une bonne mise au point

Une des conditions essentielles de la réussite d'un cliché astronomique est la qualité de la mise au point sur le verre de visée de l'appareil. Plusieurs facteurs entrent en jeu, qui peuvent lasser la patience du meilleur opérateur :

• l'acuité visuelle du photographe qui doit conserver ses lunettes ou équiper son viseur d'un verre correcteur de même puissance que son verre de lunettes correspondant ;

• l'image étant très sombre au-delà de f/D = 20 (même sur la Lune), le « piqué » d'une bonne mise au point devient difficile à apprécier – c'est ici qu'intervient la pratique ;

• la turbulence locale et instrumentale fait onduler les images, et il faut saisir le court instant de calme entre deux vagues d'agitation pour appuyer sur le déclencheur.

Trois solutions sont généralement employées pour améliorer le confort de cette mise au point :

1. Changer le verre de champ du viseur pour un modèle à centre clair et réticulé, spécial pour gros téléobjectifs. Inconvé-

nient : cette solution n'est possible qu'avec les appareils reflex haut de gamme, seuls à pouvoir être équipés de différents dépolis, chacun étant prévu pour un usage particulier.

2. Graisser très légèrement le centre d'un dépoli uni avec un doigt un peu moite. Le dépoli s'éclaircit alors, ce qui facilite beaucoup la mise au point au-delà de f/D = 25. Cette solution, moins élégante, a pourtant le mérite d'être très efficace et permet de nettoyer la tache sur le dépoli à l'aide d'un coton-tige légèrement imbibé d'alcool.

3. Coller au baume du Canada une lamelle de microscope au centre du dépoli pour le rendre transparent. Solution à proscrire car elle est irréversible et hasardeuse pour l'appareil...

Signalons aussi que les stigmomètres et microprismes des verres dépolis standards sont inutilisables au-dessus de f/D = 5 parce qu'ils deviennent pratiquement noirs.

Lors de l'achat d'un boîtier photo reflex, choisissez un modèle équipable d'un dépoli uni sur toute sa surface. Pour le reste, ce ne sera qu'une question d'entraînement et de persévérance.

Avec... ou sans entraînement ?

Il est possible de prendre des photos astronomiques avec un instrument azimutal, ou monté en équatorial mais sans entraînement motorisé... avec cependant beaucoup de restrictions. En effet, seuls certains clichés sont envisageables : la Lune, au foyer ou avec doubleur de focale, le Soleil (dont nous reparlerons au chapitre « Le Soleil, un astre dangereux à observer »), Jupiter et Vénus. C'est à peu près tout !...

L'instrument demeurant immobile, il est indispensable de réduire au minimum les temps de pose en utilisant les films les plus sensibles (400 ISO au moins).

Rappelons que la Terre, en tournant sur elle-même, décrit 360° en 24 heures, ce qui représente une rotation angulaire de 15° par heure, soit 1° en 4 minutes, 15″ d'arc par seconde de temps, ou encore 3,75″ d'arc par quart de seconde.

Supposons que vous désiriez photographier Jupiter à l'aide d'un des projectifs que nous venons de décrire. Le diamètre de cette planète mesure à peu près 50″ (ce diamètre varie légèrement). En posant un quart de seconde, il y aura un filé de 3,75″, soit 1/13 de l'image du disque. Si votre image mesure 3 mm sur le négatif, cela représente un flou de 3 mm : 13 = 0,23 mm et produira un bougé de 2,3 mm si vous réussissez à agrandir 10 fois cette image sur l'épreuve finale de 30 mm de diamètre. Ce mauvais résultat limite en principe votre agrandissement à 10 mm pour le disque de Jupiter. Vous comprenez donc qu'il est impératif de poser moins de un quart de seconde si votre instrument n'est pas motorisé.

Un procédé déconseillé : l'amplification afocale

Si vous disposez d'un appareil photo à objectif fixe, la première idée qui vient au débutant est de photographier « derrière

Que peut-on photographier avec un projectif ?

- Lune : topographie détaillée, à fort grandissement (10 x).
- Soleil : taches et facules : pourrait supporter un grandissement de 20 à 25 fois ; avec une focale résultante de 2,20 m, l'image du Soleil tient dans la largeur d'un cliché 24 x 36.
- Mercure : phases rarement photographiables avec un grandissement de 10 fois.
- Vénus : phases faciles à photographier.
- Mars : disque minuscule, rares détails aux oppositions.
- Jupiter : aplatissement du disque, 4 satellites, bandes nuageuses parallèles à l'équateur.
- Saturne : anneau bien perceptible, un satellite (Titan).

l'oculaire » et dans son axe, en mettant l'objectif de votre appareil à la place de votre œil. Le grandissement obtenu est alors lié à la puissance de l'oculaire utilisé. Pour le calculer, divisez la longueur focale de l'objectif photographique par la focale de l'oculaire.

Exemple : avec un objectif de 50 mm de focale associé à un oculaire de 10 mm, le grandissement sera de 50 : 10 = 5 fois. Vous pourriez augmenter cette valeur en réglant la mise au point sur la plus courte distance possible, mais le gain ne serait pas très important.

Il est cependant très difficile d'aligner l'appareil photo sur un pied indépendant, exactement dans l'axe du télescope. La mise au point demeure imprécise et il est pratiquement impossible de poser plus d'une demi-seconde, à cause du mouvement diurne. Nous déconseillons donc ce procédé de fortune.

LES CIBLES D'OBSERVATION : SYSTÈME SOLAIRE ET CIEL PROFOND

Si la Lune est une proie facile pour les débutants, le Soleil, lui, est un astre dangereux à observer sans de très sérieuses précautions. Quant aux éclipses de Soleil, elles sont impatiemment attendues pour étudier l'environnement de notre étoile. Les planètes comme Mars, Jupiter ou Saturne sont passionnantes à découvrir mais difficiles à photographier avec des moyens d'amateur. Le « ciel profond » est un abîme à explorer et la technique photographique du « piggy-back » vous permettra de saisir quelques galaxies fascinantes à des millions d'années-lumière. Avec des procédés simples utilisant une lunette-guide comme viseur, vous pourrez photographier la nébuleuse d'Orion ou la tache pâle de l'amas d'Hercule.

La Lune, proie du débutant

La Lune est une cible facile pour les observateurs débutants. Pourquoi ne pas commencer par elle ? Première étape des astrophotographes en herbe, elle n'a pas fini d'étonner même les plus chevronnés.

La distance moyenne Terre-Lune, de surface à surface, est de 374 000 km environ. Un grossissement de 200 fois semble donc la rapprocher à 1 867 km, c'est-à-dire la distance à vol d'oiseau entre Paris et Bucarest. Mais ne croyez surtout pas qu'en grossissant 200 fois la surface lunaire avec votre petit télescope, vous allez pouvoir la détailler comme si vous étiez réellement plus près : la turbulence atmosphérique et les défauts de votre instrument compromettent la définition des images trop grosses. Le spectacle est néanmoins saisissant.

Que verrez-vous sur la Lune ?

- Des plaines bordées de montagnes, qui apparaissent comme des étendues sombres. Les anciens astronomes les appelaient des « mers ». Beaucoup sont ovales, certaines sont irrégulières, toutes sont de grandes surfaces monotones et ondulées, recouvertes d'un tapis de poussière.
- Des montagnes que vous observez par-dessus si vous regardez vers le centre du disque, ou de profil si vous visez le bord de la Lune. Ces montagnes sont relativement claires.
- Des cirques à peu près circulaires (nommés aussi « cratères ») criblent les montagnes et les mers. Ils constituent la formation la plus typique du paysage lunaire. Depuis l'établissement des premières cartes, chacun d'eux a reçu un nom et leur diamètre a été mesuré : Clavius, par exemple, mesure 240 km de largeur et 5 300 m de profondeur. Les 30 000 cratères ou cratelets observables sur la face lunaire tournée vers nous proviennent de l'impact de grosses météorites (tombées il y a deux ou trois milliards d'années). Très peu de ces cratères sont d'origine volcanique.
- Des traînées brillantes rayonnant autour de quelques grands cirques (Tycho, Copernic, Kepler…). Ce sont probablement des matériaux éjectés après leur formation.

La Lune en quelques chiffres

Âge : 4,6 milliards d'années.
Diamètre : 3 476 km.
Distance Terre-Lune : entre 356 000 et 406 700 km.
Distance moyenne : 384 000 km de centre à centre.
Révolution sidérale et rotation : 27 j 7 h 43 min.
Retour des phases : 29 j 12 h 44 min.
Masse : 1/81 (si Terre = 1).
Densité : 3,34 (eau = 1).
Température au sol : entre 100 °C (milieu du jour) et – 150 °C (milieu de la nuit).

La Lune, proie facile, est toujours agréable à photographier. Une série de clichés permet d'établir un atlas photographique de la Lune, la présentant sous divers éclairages. Les meilleurs clichés sont des tests pour apprécier la qualité de l'objectif et du projectif utilisés. Ludwig Vlamertinge (Belgique) utilise une lunette de 200 mm de diamètre et de 3 m de focale et du Technical Pan 2415, film idéal en photo lunaire.

• Des rainures, crevasses étroites, rectilignes ou en zigzags. Particulièrement spectaculaires, la rainure d'Hyginus en forme d'accent circonflexe et celle partant du cratère Hérodote et dessinant un U.
• Des falaises, par exemple le Mur droit, qui n'est pas un mur mais une dénivellation rectiligne de 120 km de long avec plus de 300 m de pente.

Clavius (en haut), un des plus beaux cirques lunaires facile à visiter avec une petite lunette, est grand comme la Suisse !

Des cartes pas comme les autres

Les cartes lunaires destinées aux amateurs sont toujours circulaires et ne comportent pas d'échelle. Pourquoi ? Elles sont rondes parce qu'elles représentent l'hémisphère visible de la Lune en entier. Elles n'ont pas d'échelle parce que, lorsqu'on les regarde vers les bords, on doit tenir compte de la diminution apparente produite par la perspective sphérique. À partir du centre du disque, les valeurs kilométriques qui devraient figurer sur l'échelle doivent être augmentées dans la proportion des sécantes de la distance angulaire au centre. Actuellement, les cartes lunaires sont établies d'après des clichés retouchés.

Comment orienter une carte de la Lune ?

Quand vous observez notre satellite à sa culmination méridienne, le nord est en haut et le sud en bas. On appelle limbe ouest (ou bord ouest) celui qui se trouve réellement à l'ouest de l'observateur regardant la Lune de face ; de même pour le bord est. Par ailleurs, depuis 1961, sur les recommandations de l'Union astronomique internationale (UAI), les sélénographes représentent la surface lunaire telle que vous l'observez à l'œil nu. Dans ces conditions, l'est se trouve à droite et l'ouest à gauche, comme sur nos cartes terrestres.

Vous avez déjà remarqué que certaines cartes lunaires étaient rédigées en latin. Par exemple : Mare Imbrium signifie « mer des Pluies » ; Oceanus Procellarum, « océan des Tempêtes » ; Sinus Iridum, « baie des Iris ». Aujourd'hui les cartes françaises indiquent généralement les noms en français.

Sur presque toutes les cartes lunaires, vous trouverez sur la circonférence une numérotation, de 0° à 360° (0° en bas, au sud ; 90° à droite, à l'est ; 180° en haut, au nord, etc.). Ces nombres indiquent la localisation des immersions et des émersions lors des occultations d'étoiles par la Lune, nombres souvent indiqués dans les éphémérides des revues d'astronomie.

Utilisez par exemple la carte publiée dans le chapitre 14 du manuel *À l'affût des étoiles* de MM. Bourge et Lacroux (éditions Dunod), ou celle de *Découvrir la Lune* de MM. Lacroux et Legrand (Bordas), ou bien la carte de l'I.G.N. (77 x 129 cm), ou celle d'Hallwag (84 x 84 cm).

Au clair de la Terre

Vous avez sûrement remarqué, trois ou quatre jours après la Nouvelle Lune, une pâle lueur gris bleuté complétant le disque lunaire à côté du croissant très lumineux : c'est la lumière cendrée. La Terre éclaire aussi la Lune, et la Nouvelle Lune correspondrait à la Pleine Terre pour un habitant de notre satellite. Cette lueur est ainsi le reflet du « clair de Terre ».

La lumière cendrée est plus belle dans des jumelles ou dans une lunette grossissant peu. Après la Nouvelle Lune, vous l'observerez le soir, du troisième au cinquième jour ; avant la Nouvelle Lune, ce sera le matin, du cinquième au troisième jour avant la lunaison suivante. Le soir, attendez que le Soleil soit couché depuis une bonne demi-heure. La Lune présente alors un fin croissant mais, en observant le reste de son disque avec un oculaire faible, vous distinguerez facilement les principales configurations indiquées sur les cartes (plaines sombres et massifs montagneux). Celles-ci sont éclairées faiblement par le « clair de Terre »... Vous serez toujours frappé par l'éclat de Tycho, Kepler, Copernic et Aristarque, quatre cirques à rayonnements blanchâtres. À l'inverse, Platon et Grimaldi vous sembleront des taches ovales sombres.

Surveillez le terminateur

La limite entre la partie éclairée et la partie obscure du disque lunaire s'appelle le « terminateur ». C'est là qu'il faut regarder. Le long de cette ligne, les ombres des moindres cratères et des collines s'étirent démesurément et le spectacle en relief est saisissant. Celui-ci fait penser aux aspérités d'un vieux mur qui ressortent intensément quand l'éclairage est rasant.

Le terminateur se déplace de soir en soir et fait le tour du disque en quatorze nuits. La meilleure période se situe pendant les trois nuits qui précèdent et qui suivent le Premier et le Dernier Quartier. La plus mauvaise période est celle de la Pleine Lune où le disque semble « aplati » parce que son relief est écrasé par un éclairage de face. C'est le moment d'observer les rayonnements en étoile autour de certains cirques en plaçant derrière l'oculaire un filtre bleuté absorbant une bonne moitié de la lumière. Surveillez l'auréole et les éblouissantes traînées de Tycho dont l'une s'étend sur 2 000 km. Kepler et Aristarque présentent aussi des systèmes étoilés. Vous regarderez comment les rayons émanant de Kepler croisent ceux qui proviennent d'Aristarque et de Copernic en enjambant plaines et plateaux.

Copernic est un cirque lunaire isolé dans une vaste plaine. Il mesure plus de 90 km de diamètre et ses remparts s'élèvent à 3 660 m. Son aspect apparent est circulaire mais, en réalité, c'est un hexagone équilatéral presque parfait. Cinq petites montagnes brillent dans l'arène. Remarquez les deux cratères Fauth dits « en trou de serrure ».

La célèbre vallée des Alpes, visible dans une petite lunette comme un « coup d'ongle » sur la Lune. Plus haut, les monts du Caucase et le cap Fresnel. Photo prise au télescope de 1 m du pic du Midi.

Un lever de Soleil sur Copernic

La progression du terminateur est d'une quinzaine de kilomètres par heure dans la zone équatoriale où se trouve Copernic. Comme ce cirque mesure 90 km de diamètre, six heures suffisent pour assister à un lever de Soleil sur ses remparts. Six heures, c'est une nuit d'observation pendant laquelle ce magnifique ensemble annulaire va surgir des ténèbres sous vos yeux, au bord du terminateur.

Suivez le lever progressif du Soleil illuminant d'abord les points culminants, détachés du terminateur comme des étoiles. Attendez une heure, deux heures, et vous verrez la lumière réunir les cimes aux versants moins élevés. Patientez encore, et Copernic vous apparaîtra quelquefois comme un anneau lumineux entourant une arène obscure. Enfin, le Soleil envahira peu à peu le fond du cirque, où vous découvrirez son énorme pyramide centrale et ses fantastiques éboulements. C'est cela, l'astronomie vivante…

Les trois plus belles nuits

Chaque soir d'une lunaison offre un spectacle différent. On pourrait dire que l'intérêt des observations s'accroît du troisième au huitième soir puis qu'il diminue jusqu'à la Pleine Lune, où l'on ne voit plus qu'un disque éblouissant.

Le sixième soir, la mer de la Sérénité est presque entièrement visible avec les cirques Eudoxe, Aristote, le Caucase plus au nord (donc vers le bas puisqu'une lunette renverse les images) et Posidonius avec ses rainures intérieures au nord-ouest. Vous remarquerez la traînée blanche qui traverse la mer de la Sérénité et, vers le haut, les cirques de Pline, Ménélas et Manilius. Plus haut encore, les fameuses rainures d'Hyginus et de

La Lune peu après le Dernier Quartier, saisie au foyer d'une petite lunette Zeiss de 63 mm d'ouverture et de 840 mm de focale. Image amplifiée par une lentille de Barlow 2 x (soit 1 680 mm de focale résultante). Film Ektachrome Kodak 64 ISO.

Triesnecker. Le long de l'hémisphère Sud (donc supérieur), le terminateur traverse une série d'énormes cratères au relief bouleversé. Vers le pôle Sud (en haut), les irrégularités de surface se projettent en perspective les unes devant les autres.

Le septième soir est celui du Premier Quartier. Le terminateur coupe la Lune en deux, traversant la mer des Vapeurs vers le centre et passant près de Ptolémée, Alphonse et Arzachel. Vers le haut, Tycho s'illumine ; en bas (donc au nord), au-dessous de la mer de la Sérénité, vous observerez Théetête et Cassini (détails intéressants dans l'arène).

Le huitième soir est peut-être le plus spectaculaire. Le terminateur passe, en haut, sur le cirque impressionnant de Tycho et, en bas, sur la chaîne grandiose des Apennins (dans l'hémisphère Nord, à droite du méridien central), sur les cirques d'Archimède, d'Aristille et d'Autolycus et, plus bas encore, vers le pôle Nord lunaire, sur le cirque plat et sombre de Platon.

Ce sont les trois plus belles nuits. Le neuvième soir, le cirque Copernic se présente sur le terminateur, dominant les plaines environnantes de ses 4 000 m d'altitude. Son isolement relatif produit un effet remarquable.

À partir de la dixième soirée, l'observation devient plus fatigante pour la vue (il y a trop de lumière !) et moins intéressante à cause de l'effacement des reliefs. Utilisez votre filtre Moon… La onzième nuit, vous observerez le cirque rayonnant de Kepler ; la douzième, celui d'Aristarque, et la treizième, les échancrures du bord sud-est du disque lunaire. La nuit de la Pleine Lune, vous observerez particulièrement les rayonnements blancs qui irradient de Tycho comme autant de méridiens et vous chercherez les colorations discrètes de certaines régions lunaires.

De la Pleine Lune à la Nouvelle Lune suivante, vous referez les observations précédentes sous un éclairage inverse mais à une heure de plus en plus avancée dans la nuit : la Lune « retarde » de 50 minutes par jour et, après le Dernier Quartier, elle n'est visible que le matin.

Spectacles à ne pas manquer

Voici quelques-uns des plus grands ensembles de cirques :
Théophile, Cyrille et Catherine (5e jour) ;
Ptolémée, Alphonse et Arzachel (7e jour) ;
Archimède, Aristille et Autolycus (8e jour).

• Des cirques exceptionnels :
Tycho (80 km de diamètre, pic central, 8e jour) ;
Platon (le Lac noir), dont l'arène s'assombrit quand le Soleil monte (9e jour) ;
Pico (montagne isolée à 2 400 m d'altitude, 9e jour) ;
Clavius (240 km, cratères dans l'arène, 10e jour).

• Une vallée spectaculaire :
la vallée des Alpes, de 130 km de longueur, entre Platon et Cassini (8e jour).

• Des rainures bizarres :
rainures d'Hyginus et de Triesnecker (6e jour) ;
celles de Schröter (appelées aussi « la Tête de cobra »), faille en forme de W, entre Hérodote et Aristarque (12e jour) ;
celles d'Hérodote, en forme de U (12e jour).

Le célèbre cirque Platon situé aux confins de la mer du Froid et de la mer des Pluies, splendide dans une petite lunette, mais déconseillé pour aller y passer des vacances… Pic du Midi.

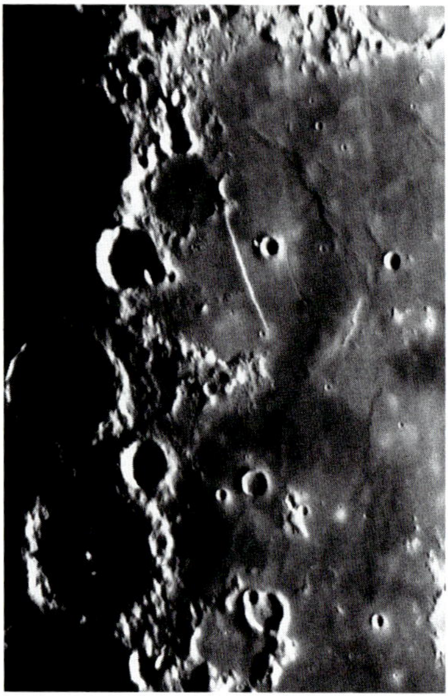

Le Mur droit, appelé aussi l'« Épée dans la Lune », est une dénivellation de près de 300 m de hauteur et de 100 km de longueur. Tout à côté, le double cratère Birt.

• Le Mur droit (dit aussi l'« Épée dans la Lune ») au bord de la mer des Nuées (8e et 9e jours).

Des cache-cache bizarres : les occultations

Vous savez que la Lune semble faire le tour du ciel en vingt-neuf jours, de telle sorte qu'en une heure elle « glisse » de la valeur de son diamètre apparent devant les constellations. Chaque mois, elle passe près des différentes planètes qui se trouvent ainsi en conjonction avec elle et il arrive même qu'elle masque une planète pendant quelques instants : c'est ce qu'on appelle une « occultation ». Phénomène très intéressant à suivre, même dans une petite lunette, car la planète ne disparaît pas instantanément derrière le disque lunaire. Pour Jupiter, Saturne et Mars, cette extinction semble lente.

Les occultations d'étoiles sont beaucoup plus fréquentes que celles des planètes. Toutes les étoiles voisines de l'écliptique peuvent être éclipsées, et en particulier Aldébaran, l'Épi, Régulus et Antarès. L'occultation de l'amas des Pléiades est très spectaculaire.

Une étoile s'éteint instantanément parce qu'elle n'a pas de diamètre sensible

et surtout parce que la Lune n'a pas d'atmosphère. Une occultation commence par l'immersion de l'astre derrière le bord lunaire et se termine par l'émersion à l'autre bord. La durée totale du phénomène dépend de la « corde » que l'astre décrit derrière la Lune : de quelques minutes à une heure et demie. Vous n'observerez souvent que l'immersion ou l'émersion, la Lune pouvant n'être pas encore levée au début ou déjà couchée avant la fin. L'immersion est facile à observer mais l'émersion surprend toujours.

Les occultations les plus spectaculaires sont celles qui se produisent entre les « cornes » du croissant lunaire, derrière la partie obscure du disque. On voit alors l'astre s'éteindre avant qu'il ait atteint la partie éclairée de la Lune.

Consultez une revue d'astronomie pour connaître les dates et les heures des prochaines occultations.

Des portraits de la Lune

La Lune est le premier objet que tente de saisir l'astrophotographe débutant ; réflexe légitime puisque c'est l'astre apparemment le plus facile à photographier et qu'un beau cliché lunaire est très agréable à regarder... La Lune mesure 9,5 mm de diamètre dans le plan focal par mètre de longueur focale. C'est dire que la moindre petite lunette permet d'enregistrer une image « lisible » de notre satellite.

Avec les plus petits instruments azimutaux, vous pourrez tenter des clichés sur film lent, directement au foyer, ou, mieux, avec un doubleur de focale. Souvenez-vous que, avec ce doubleur ou avec une Barlow 2 x, il faut multiplier par 4 la durée de la pose. Reportez-vous au tableau ci-après qui vous fournira une indication moyenne, car le temps de pose dépend aussi de la hauteur de la Lune au-dessus de l'horizon et de la transparence atmosphérique. Faites une série de trois ou quatre clichés en doublant la pose à chaque fois.

Les amateurs les mieux équipés, possédant une monture équatoriale entraînée, prendront des clichés agrandis par projectifs : oculaire de 9 à 12 mm de focale, ou Barlow 3 x.

Retenons trois points essentiels :

1. La Lune a sa « vitesse propre » par rapport aux étoiles puisqu'elle se déplace vers l'est de son diamètre apparent en une heure. Il faut donc, si votre instrument le permet, régler la vitesse de suivi pour obtenir un suivi aussi fidèle que possible.
2. La projection par Barlow donne les meilleurs résultats, les bords du champ étant plus nets qu'en projetant l'image avec oculaire. Quels films choisir ? Du Kodak TP 2415 et éventuellement du Kodak T-MAX 400 ou Ilford Delta 400 pour des tirages papier en noir et blanc. Du Fujicolor Superia 400 ou Kodak Gold 400 pour des photos couleur (papier). Du Fujichrome Velvia 50 ou Fujichrome Sensia 100 pour les diapositives couleur.
3. Et... servez-vous de votre occulteur manuel quand le temps de pose est plus long que 1/15 de seconde. Pour les poses courtes, utilisez le déclencheur de votre appareil, mais les vibrations consécutives au relèvement du miroir sont encore légèrement sensibles au 1/250.

Temps de pose lunaire en fonction de f/D et de la sensibilité

f/D	ISO	🌕	🌔	🌓	🌒	🌒
f/5	25	1/125	1/60	1/30	1/15	1/8
	50	1/250	1/125	1/60	1/30	1/15
	100	1/500	1/250	1/125	1/60	1/30
f/8	25	1/60	1/30	1/15	1/8	1/4
	50	1/125	1/60	1/30	1/15	1/8
	100	1/250	1/125	1/60	1/30	1/15
f/10	25	1/30	1/15	1/8	1/4	1/2
	50	1/60	1/30	1/15	1/8	1/4
	100	1/125	1/60	1/30	1/15	1/8
f/15	25	1/15	1/8	1/4	1/2	1
	50	1/30	1/15	1/8	1/4	1/2
	100	1/60	1/30	1/15	1/8	1/4
f/22	50	1/15	1/8	1/4	1/2	1
	100	1/30	1/15	1/8	1/4	1/2
	200	1/60	1/30	1/15	1/8	1/4
f/32	50	1/8	1/4	1/2	1	2
	100	1/15	1/8	1/4	1/2	1
	200	1/30	1/15	1/8	1/4	1/2
f/50	50	1/4	1/2	1	2	4
	100	1/8	1/4	1/2	1	2
	200	1/15	1/8	1/4	1/2	1
f/70	50	1/2	1	2	4	8
	100	1/4	1/2	1	2	4
	200	1/8	1/4	1/2	1	2
f/100	100	1/2	1	2	4	8
	200	1/4	1/2	1	2	4
	400	1/8	1/4	1/2	1	2

La Lune réfléchit beaucoup de lumière et remplit souvent la totalité du champ photographique. L'intérieur des tubes doit être peint en noir mat pour éviter les réflexions parasites. Ouvrez le dos du boîtier photo et mettez l'œil à la place du film pour vous assurer qu'il n'y a pas de réflexions gênantes et vérifiez que toute la surface du cliché se trouve illuminée. Un miroir secondaire mal réglé ou mal placé peut limiter le champ photographique.

Au Dernier Quartier, le même paysage réapparaît, mais l'éclairage est inversé. Au centre, Copernic ; au sud, Clavius ; au nord, la baie des Iris avec le promontoire Héraclide. Photo prise à la lunette de 200 mm.

Quoi ? Quand ?...

La Pleine Lune est assez négligée par les amateurs parce qu'elle est sans relief. Pourtant les « mers » peuvent présenter quelques colorations intéressantes. Les rayonnements, surtout ceux partant de Tycho, sont bien mis en évidence sur les clichés.

Les meilleures périodes photographiques se situent aux alentours du Premier ou du Dernier Quartier, à deux ou trois jours de part et d'autre de ces phases. Le terminateur, zone où le Soleil se lève ou se couche, est toujours riche de détails éclairés en lumière rasante.

Quant au meilleur moment pour tirer un cliché, c'est celui où la turbulence est presque nulle. Patience donc !... Attendez que l'astre des nuits soit très haut dans le ciel. Les images sont plus belles quand la nuit tombe ou lorsque le jour se lève. C'est à ces instants-là, quand les observations visuelles sont les plus agréables, que vous réussirez vos meilleurs portraits lunaires.

Le Soleil, un astre dangereux à observer

Le Soleil est la seule étoile dont nous puissions observer la surface. Comme la Lune, c'est une cible facile, mais elle est dangereuse à braquer : il faut toujours des protections spéciales pour l'étudier.

Une bombe thermonucléaire

Le Soleil est une étoile de dimensions moyennes, stable et banale parmi tant d'autres – mais c'est lui qui entretient la vie terrestre par son rayonnement et c'est par lui que la Terre connaîtra sa « fin du monde »... dans plusieurs milliards d'années.

Le Soleil est une sphère de gaz chaud, énorme bulle sans surface définie. Voilà pourquoi les bords de son disque semblent plus foncés que le centre. L'énergie irradiée par le Soleil est fantastique : c'est ainsi que de 400 m^2 seulement de sa surface rayonnent autant d'énergie qu'en produisent toutes les centrales électriques de la Terre !

Quelle est l'origine de ce flux perpétuel ? L'énergie nucléaire, tout simplement. Le Soleil serait ainsi comme une centrale atomique qui convertirait l'hydrogène en hélium par une transmutation que les physiciens appellent « nucléosynthèse ». Au cours de cette fusion nucléaire, quatre noyaux d'atomes d'hydrogène donnent deux atomes d'hélium, plus lourds, mais avec une perte de masse

Le Soleil en quelques chiffres

Âge : 5 milliards d'années.
Diamètre : 1 392 530 km.
Volume : 1 million de fois celui de la Terre.
Masse : 332 700 fois la masse terrestre.
Densité moyenne : 1,41 (eau = 1).
Énergie rayonnée : 4 x 1 023 kW.
Diamètre apparent moyen : 32'.
Type spectral : G 2.
Durée de rotation : 24,9 jours à l'équateur.
Distance moyenne Terre-Soleil : 149 597 870 km.
Température superficielle : 5 480 °C.
Température au centre : 15 millions de degrés.
Pression au centre : 400 milliards d'atmosphères.
Durée probable de vie : 10 milliards d'années encore...

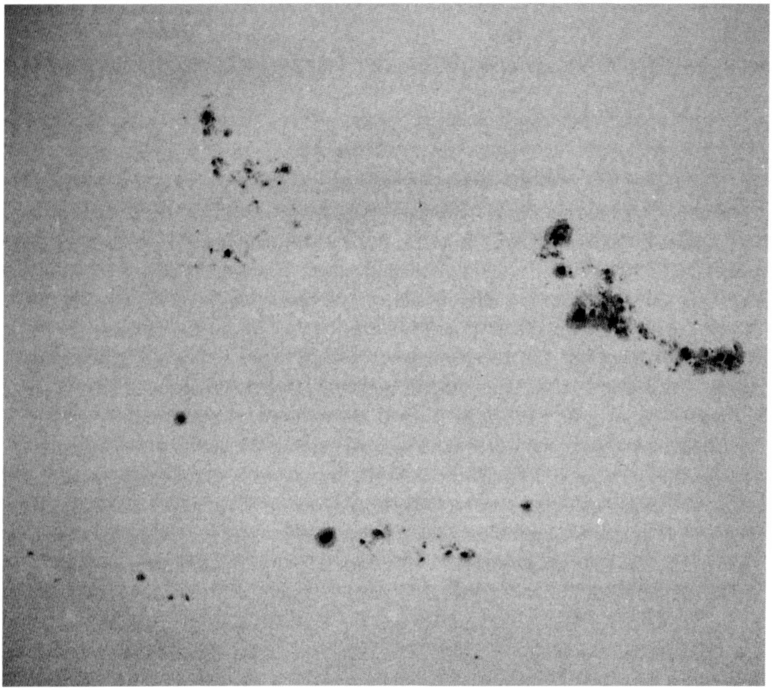

Que voit-on sur le Soleil ? Des taches et des facules. Photo prise à la lunette de 80 mm avec filtres.

correspondant à l'énergie émise. À chaque seconde, le Soleil convertit 594 millions de tonnes d'hydrogène en 590 millions de tonnes d'hélium. Cette déperdition de 4 millions de tonnes devient chaleur, lumière et rayonnements divers. On peut donc affirmer que, à chaque seconde, le Soleil « maigrit » de 4 millions de tonnes sans que son diamètre varie sensiblement. Et depuis les temps géologiques les plus reculés, ce rayonnement n'a que très peu changé. À ce taux, la diminution de sa masse totale n'est que de un cinq millièmes en trois milliards d'années…

Le Soleil est donc une gigantesque bombe thermonucléaire à hydrogène dont le fonctionnement est stable. Cette boule de feu présente un diamètre équivalent à quatre fois la distance Terre-Lune, et il existe des étoiles mille fois plus grosses que le Soleil !

Que voit-on sur le Soleil ?

Quand vous observez le Soleil à travers un écran de soudeur à l'arc (grade 14 minimum), vous voyez un petit disque dont la surface est la photosphère.

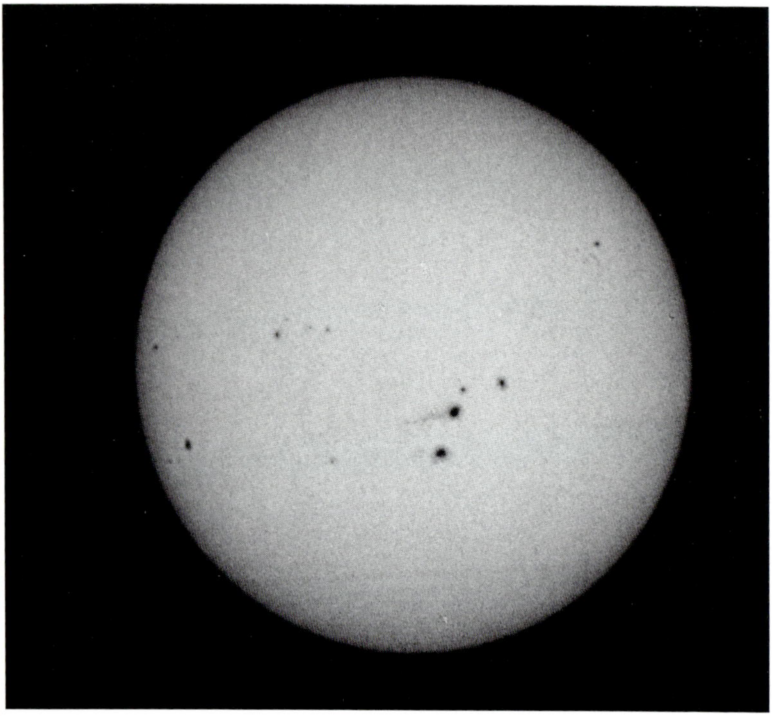

Le Soleil se présente à l'oculaire comme une boule jaune dont le bord circulaire est assombri par la perspective. Cette photo a été faite au foyer de la petite lunette Télémentor Zeiss, de diamètre 63 mm et de focale 840 mm.

Les taches ressemblent à des trous sombres auréolés de pénombre grisâtre. Photo prise à la lunette Zeiss de 63 mm au travers d'un filtre Kodak Wratten 96 n°5. Agrandissement par oculaire de 7 mm sur de l'Ektachrome 64. Focale résultante : 6 mètres.

Si vous placiez le même écran devant l'objectif d'une petite lunette, vous ne verriez que peu de chose sur la photosphère : quelques taches, très noires en apparence, parsèment le disque. Ces taches ne sont pas des trous mais des régions de la surface visible où règnent des champs magnétiques extrêmement intenses. Un astronome vous dira que la

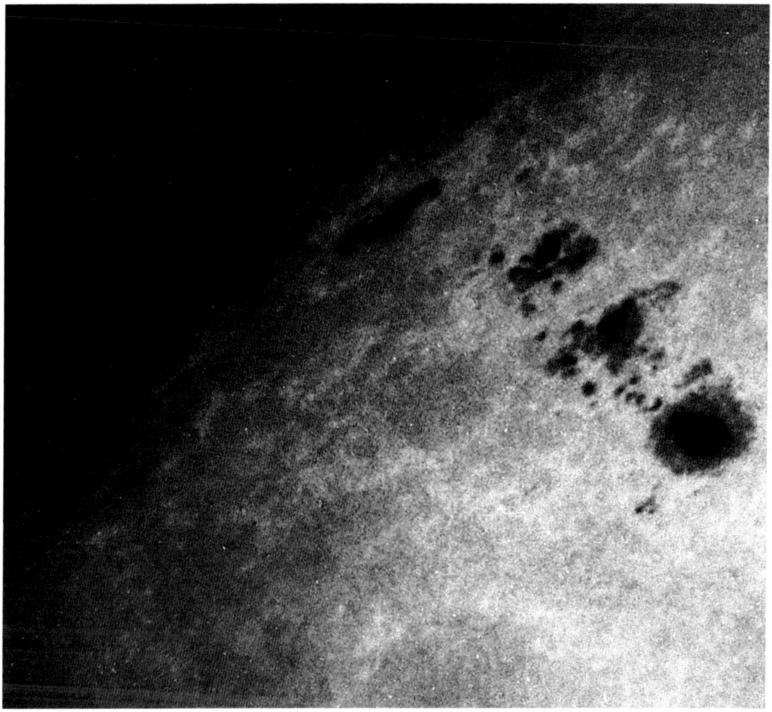

L'activité solaire se manifeste par l'apparition de taches, de facules et de protubérances dont la fréquence et l'importance sont liées à des cycles. Le moindre petit instrument révèle aisément taches et facules.

température d'une tache n'est que de 4 500 °K contre 5 800 °K dans la photosphère qui l'entoure. Ces taches semblent sombres par un effet de contraste de brillance. Chacune se présente habituellement comme un noyau foncé entouré d'une zone grisâtre aux contours irréguliers : c'est la pénombre. Vous y verrez parfois des filaments structurés comme des pétales autour d'un centre. Ces filaments dessinent les champs de force magnétique des taches. Celles-ci durent quelques jours ou quelques semaines en changeant de forme et de dimensions. Elles sont souvent associées par paires, de polarité opposée, et forment parfois des groupes de grande dimension pouvant réunir jusqu'à cinquante petites taches individuelles. Si un groupe dépasse 40 000 km de diamètre, il est visible à l'œil nu quand l'éclat du Soleil est très atténué, à travers un léger brouillard ou bien à l'horizon, au lever ou au coucher du Soleil, quand il est rouge sombre et qu'on peut le regarder en face.

Ne braquez jamais de jumelles ni de chercheurs vers le Soleil : c'est extrêmement dangereux ! Quant aux lunettes de soleil, elles ne sont pas faites pour le regarder..., même si leurs verres sont très filtrants.

Avec un télescope, vous pourrez aussi apercevoir des facules, régions extrêmement brillantes et surchauffées, souvent ramifiées, qui précèdent habituellement l'apparition d'un groupe de taches. Mais, pour observer les protubérances, gigantesques colonnes de gaz s'élevant à des dizaines de milliers de kilomètres, il faut un coronographe simulant le phénomène d'éclipse par un disque noir occultant le disque solaire. Mais nous sortons ici du domaine de l'astronomie d'amateur.

Le Soleil sur un écran comme au cinéma

Pour montrer le Soleil à vos amis, projetez son image derrière l'oculaire sur un écran blanc et lisse (de type bristol), solidaire du tube de l'instrument et perpendiculaire à son axe optique.

Utilisez un oculaire de type basique (par exemple, H, HM, S ou SR) composé de lentilles non collées et à longue focale (20 mm) ; adaptez au corps de l'instrument un grand carton rigide qui projettera son ombre sur l'écran. Bouchez le chercheur et ne visez jamais le long du tube. Avant d'avoir placé le carton, dirigez votre instrument vers le Soleil de telle sorte que l'ombre du tube, d'abord

La méthode la plus sûre pour observer le Soleil : projeter son image sur un écran comme avec un projecteur de diapos ! Pensez à boucher le chercheur et pointez la lunette en recherchant la plus petite ombre possible sur le sol.

ovale quand vous n'êtes pas dans la bonne direction, devienne parfaitement circulaire. Mettez au point en tournant la crémaillère pour éloigner l'oculaire de l'objectif. L'image projetée sera plus ou moins grande selon la distance de l'écran à l'oculaire.

Attention ! Si vous doublez le diamètre de l'image en reculant l'écran, vous divisez alors sa brillance par quatre... Pour débuter, contentez-vous d'une image de 10 à 20 cm de large.

Vous pouvez même vous amuser à dessiner l'aspect du Soleil ainsi projeté. Fixez tout d'abord un papier sur l'écran, et dessinez-y un cercle que vous mettrez en coïncidence parfaite avec le disque projeté. Une fois cette opération préalable réalisée, avec un crayon à mine tendre, notez délicatement l'emplacement des taches sur le papier. Enlevez le papier, puis dessinez la forme des taches d'après ce que vous voyez sur l'écran. Vous distinguerez facilement les taches des quelques défauts de l'écran au fait qu'elles se déplacent avec le bord du Soleil, et qu'elles réagissent au moindre mouvement de l'instrument.

Vous pouvez aussi évaluer les dimensions des taches et des groupes de taches en utilisant un gabarit fourni par la commission solaire d'une société d'astronomie. Ce gabarit mesure habituellement 139 mm de diamètre et chaque case représente 100 000 km sur le Soleil... mais les cases ont des dimensions décroissantes pour tenir compte de la perspective sphérique du globe solaire. Pourquoi 139 mm ? Simplement parce que notre étoile mesure 1 390 000 km de diamètre environ.

Suivez la ronde des taches solaires

Il faut orienter vos dessins successifs si vous souhaitez comparer des schémas pris plusieurs jours d'affilée à des heures différentes. Pour cela, votre instrument n'étant pas entraîné, laissez filer l'image d'une tache et notez deux positions assez éloignées de cette tache. En joignant ces deux points, vous obtenez la direction est-ouest et la perpendiculaire à cette ligne détermine la direction nord-sud géographique. Chaque dessin peut ainsi être orienté.

Si vous observez le Soleil plusieurs jours de suite, vous constaterez une dérive progressive de toutes les taches, parce que notre étoile, comme la Terre, tourne sur elle-même. Vous pouvez même essayer de déterminer sa période de rotation. Choisissez une très grosse tache et suivez son déplacement de jour en jour. Elle disparaîtra au bord du disque et, si sa durée de vie le permet, vous la verrez réapparaître sur le bord opposé quatorze jours plus tard, déformée par la perspective. Elle reviendra à la position de votre première observation après vingt-huit jours environ. Mais, si vous surveillez simultanément plusieurs taches éloignées, à des latitudes différentes, vous constaterez que les taches les plus éloignées de l'équateur tournent moins vite que les autres : vingt-neuf jours à 40° de latitude contre vingt-sept jours et demi à l'équateur..., parce que le Soleil, qui est une boule gazeuse, ne tourne pas d'un seul bloc. Il faut retrancher deux jours à ces périodes pour tenir compte du mouvement de la Terre sur son orbite. C'est donc en vingt-cinq jours environ que le Soleil tourne sur lui-même à l'équateur.

Autre observation intéressante : suivez une tache de jour en jour pour tracer sa trajectoire apparente sur un schéma. Tous vos dessins ayant la même orientation, reportez ses positions successives sur un gabarit et vous obtiendrez un arc d'ellipse de courbure et d'orientation variables, puisque le Soleil, incliné sur son axe de rotation, apparaît selon une perspective différente déterminée par la position de la Terre sur son orbite. Au début de juin et de décembre, cette trajectoire apparente est une ligne droite.

Le Soleil se fâche tous les onze ans

Le nombre de taches observées n'est pas constant. Le Soleil présente des époques de calme relatif où les taches sont rares, puis des périodes d'activité intense où les taches et les groupes sont très nombreux. Entre 1826 et 1843, l'astronome amateur allemand Henri Schwabe compta les taches semaine après semaine et découvrit que leur nombre variait selon un cycle de dix à onze ans en passant par un maximum et par un minimum.

Au début de chaque cycle, les taches apparaissent entre 35 et 40° de latitude puis se forment de plus en plus près de l'équateur sans jamais descendre au-dessous de 5° au nord ou au sud. Cette période de onze ans est une période moyenne, car elle varie entre sept ans et demi et dix-sept ans. D'un minimum au maximum suivant, il s'écoule en moyenne quatre ans et demi, puis six ans et demi de ce maximum au minimum suivant. Si élevé que soit un maximum (en 1979-1980 par exemple), l'éclat du Soleil n'est pas affaibli par les taches. Celles-ci témoignent d'une recrudescence de l'activité solaire : c'est quand l'astre du jour semble le plus obscurci qu'il se trouve être le plus radiatif.

Les derniers maxima ont eu lieu en 1980 et 1991. Un minimum s'est produit en 1987 et le prochain maximum est prévu en 2000. Certains phénomènes terrestres sont liés à l'activité solaire, par exemple les variations de la déclinaison magnétique de la boussole. Même constat pour les aurores boréales, beaucoup plus fréquentes après les éruptions solaires, qui provoquent aussi des orages magnétiques perturbant la réception des ondes courtes.

Les anneaux de croissance des arbres traduisent assez bien une périodicité moyenne de onze ans : les cernes seraient plus larges aux époques où les taches solaires sont plus nombreuses. Les corrélations météorologiques sont moins évidentes et les influences possibles sur la santé de l'homme, les guerres et les révolutions sont très contestées...

Le Soleil : une mauvaise réputation

Trop peu d'astrophiles observent et photographient le Soleil. En effet, celui-ci a une réputation... brûlante. On lui reproche d'être très dangereux en raison de son énorme intensité lumineuse et de la chaleur produite par la concentration de son rayonnement au foyer de l'instrument braqué sur lui. (Rappelons qu'une lunette ou un télescope est avant tout un amplificateur de lumière.) Trop d'observateurs inexpérimentés redoutent la détérioration de leur matériel (miroir secondaire, obturateur à rideau et oculaires en particulier) ainsi que les accidents rétiniens. Quant aux filtres SUN vendus avec les instruments, ils ont la fâcheuse tendance à se fendre moins d'une minute après le pointage du tube sur l'astre du jour.

Voilà pourquoi notre étoile est généralement délaissée par les amateurs. Pourtant, plusieurs techniques sûres permettent l'observation directe du Soleil et la prise de clichés en toute sécurité.

Filtres solaires à l'ouverture... pour une observation sans danger !

La solution la plus sûre et la plus efficace pour observer ou photographier le Soleil consiste à placer à l'avant du tube de la lunette ou du télescope un filtre solaire spécifique : c'est le fameux filtre à l'ouverture. Celui-ci peut se présenter sous trois formes différentes, selon le type de matériau utilisé pour sa fabrication. En premier lieu, le polymère noir, feuille en plastique assez souple, donnant une image jaune sombre du Soleil, et qui ne laisse passer que 1/100 000 de l'intensité lumineuse solaire (on parle alors de densité 5, dite « visuelle ») ! Ensuite vient le polyester aluminé : c'est aussi un filtre visuel de densité 5, constitué d'un matériau synthétique épais de seulement 12 micromètres, donc très souple et plus fragile. De qualité optique remarquable, il donne malheureusement à l'observateur une image bleue du Soleil, peu agréable ! Enfin, le système le plus efficace est le filtre en verre aluminé, fabriqué à partir d'une lame en verre plane d'une bonne solidité et ayant reçu un traitement métallique à base de fer, de nickel et de chrome. Ce filtre offre de très bons résultats sur le plan optique et fournit des images d'un jaune clair beaucoup plus naturel. Même s'il est plus coûteux que les autres filtres, il reste le plus employé par les amateurs car il offre aussi l'avantage d'exister en deux densités différentes, selon qu'on l'utilise en visuel ou en photographie. Ainsi, en plus de la

L'art d'assombrir le Soleil

L'observation du Soleil ne peut se faire en toute sécurité qu'avec l'un des procédés suivants :

- Filtre pleine ouverture en Inconel : solution la meilleure... mais la plus coûteuse.
- Filtre pleine ouverture ou diaphragmé hors axe, en gélatine Wratten 96.
- Utilisation d'un hélioscope de Herschel, plus un filtre SUN sur l'oculaire. (Ne jamais employer cet accessoire sans filtre !)
- Projection de l'image sur un écran. (Solution à éviter avec les télescopes dont le diamètre est supérieur à 150 mm.)
- À proscrire : le tentant Mylar et autres « couvertures de survie ».

Seuls les véritables filtres pleine ouverture sont absolument sûrs pour les yeux et le matériel. Ici, des JMB en nickel chrome offrent une sécurité absolue.

densité 5 déjà mentionnée (transmission 1/100 000), on peut aussi se le procurer en densité 4 (transmission 1/10 000), donnant ainsi la possibilité au photographe de poser dix fois moins de temps, et donc de « figer » par là même la turbulence atmosphérique (les images obtenues sont plus nettes et détaillées).

Enfin, quel que soit le filtre utilisé, gardez bien à l'esprit que les périodes les plus favorables à l'observation et à la photographie du Soleil ont lieu bien souvent en matinée ou en fin de journée, quand l'astre du jour est moins haut dans le ciel, donc quand l'atmosphère est moins chaude et moins turbulente...

Clichés du Soleil à la portée de tous

S'il est délicat de photographier le Soleil au foyer de votre instrument, il est extrêmement simple d'enregistrer sa projection sur un écran. Les taches sont nettement visibles sur cet écran quand le diamètre de l'image solaire mesure entre 15 et 20 cm. Vous pouvez alors photographier la projection du disque, directement sur l'écran, en vous plaçant le plus de face possible, à un mètre environ. Une certaine distorsion produira un Soleil légèrement ovalisé puisque vous opérez un peu de biais et l'image manquera de contraste.

Autre méthode : utilisez un écran translucide (par exemple une feuille de papier-calque) et placez-vous en arrière et dans l'axe optique de la projection. Vous obtiendrez un cliché bien circulaire, mais la netteté en souffrira un peu. Ne comptez pas obtenir beaucoup de détails dans les taches.

Ne bricolez rien en Mylar

Il y a quelques années, une mode venue des États-Unis nous apportait un matériau nouveau : le Mylar, très pratique pour confectionner des filtres solaires pleine ouverture à peu de frais. Se présentant comme une feuille plastique très mince, argentée sur les deux faces, ce matériau, tendu sur l'ouverture de l'instrument à la manière d'un papier cellophane sur un pot de confiture, permettait assez confortablement l'observation et les photos du Soleil. Hélas, le Mylar présente trois inconvénients :

1. il est très difficile à trouver dans le commerce ;
2. sa qualité optique est très discutable ;
3. il absorbe les infrarouges (rayons calorifiques) mais très peu les ultraviolets. Il est donc dangereux en observation visuelle.

Conclusion : ne bricolez pas de filtre en Mylar notamment en récupérant des couvertures dites « de survie » (en Mylar très mince) que l'on trouve dans les magasins de sport et de camping.

Cache-cache Lune-Soleil : les éclipses

Si les éclipses de Lune n'apprennent plus grand-chose aux astronomes, les éclipses totales de Soleil sont impatiemment attendues pour étudier l'atmosphère extérieure de notre étoile.

Définition

Le mécanisme des éclipses peut se résumer en deux phrases :
1. Il y a éclipse de Soleil lorsque la Lune passe exactement devant le Soleil.
2. Il y a éclipse de Lune lorsque la Terre passe entre le Soleil et la Lune.

Précisons davantage : chaque planète projette derrière elle un cône d'ombre qui l'accompagne dans l'espace, comme notre ombre suit nos pas. La Lune, elle aussi, projette derrière elle une longue traîne d'ombre qui peut parfois atteindre la Terre.

Quand la Lune est entre le Soleil et nous, à la Nouvelle Lune, son cône d'ombre balaie une petite surface sur le globe terrestre, qui se trouve ainsi à l'ombre de la Lune pendant quelques minutes. Quant aux éclipses de Lune, elles se produisent toujours à la Pleine Lune.

L'éclipse est partielle quand la Lune ne passe pas exactement devant le Soleil ou, dans le cas d'une éclipse de Lune, quand elle ne traverse pas entièrement la zone circulaire d'ombre.

À cause de l'ellipticité de l'orbite lunaire, le disque de la Lune est tantôt un peu plus grand, tantôt un peu plus petit que celui du Soleil. Dans ce dernier cas, l'éclipse de Soleil est annulaire, mais elle peut être totale en d'autres points de la Terre. Le diamètre de la Lune est environ 400 fois plus petit que celui du Soleil, mais notre satellite est à peu près 400 fois plus proche de nous. Lune et Soleil nous apparaissent donc sensiblement sous le même diamètre apparent (un demi-degré), d'où l'alternance des éclipses totales avec les éclipses annulaires. C'est une coïncidence extraordinaire dans le système solaire.

Scénario d'une éclipse de Lune

C'est aux jumelles ou avec le plus faible oculaire de votre lunette qu'il faut observer une éclipse de Lune. Au début, vous remarquerez un léger affaiblissement de lumière signalant l'entrée de notre satellite dans la pénombre. Puis une petite échancrure se formera sur le bord gauche de la Lune et, peu à peu, elle envahira le disque entier. Cette ombre circulaire paraît d'abord grisâtre, puis une teinte rouge recouvre de plus en plus le disque lunaire. Entre le croissant restant lumineux et le centre rougeâtre de l'ombre s'étend un liseré gris-bleu. Dès que

L'éclipse de Soleil du 11 août 1999, photographiée au lac Hazar, en Turquie. Montage sous Photoshop de 24 photos. Lunette fluorite Vixen 90 mm, film Royal Gold 100, temps de pose de 1/250 à 4 secondes).

l'éclipse est totale, le rouge s'intensifie et envahit le disque.

La Lune peut rester éclipsée pendant près de deux heures, après lesquelles un mince croissant lumineux s'élargit insensiblement à la gauche du limbe.

Pourquoi ces teintes cuivrées ? Parce que la réfraction des rayons solaires dans l'atmosphère terrestre projette les teintes empourprées de nos Soleils couchants jusqu'à la Lune. Mais, lorsque la haute atmosphère est très poussiéreuse, la Lune peut disparaître complètement. Notez son degré de visibilité selon l'échelle suivante, appelée « échelle de Danjon » :

0 : éclipse très sombre, Lune presque invisible ;

1 : éclipse sombre, grise ou brunâtre ;

2 : éclipse rouge sombre ou rouille, bords de l'ombre assez clairs ;

3 : éclipse rouge brique, ombre claire ou jaunâtre ;

4 : éclipse très claire, rouge cuivre avec bords bleuâtres.

À travers un instrument équipé de son oculaire le plus faible pour voir la Lune en entier, notez les changements de coloration observés lorsque certains cirques lunaires remarquables entrent dans l'ombre ou en sortent, tels que

Tycho, Platon, Aristarque et Copernic. Notez les dégradés qui peuvent passer du gris-bleu au jaune orangé, puis au rouge brique. Toute trace de la pénombre terrestre sur le bord lunaire cesse pratiquement d'être perceptible de vingt à trente minutes après la sortie de l'ombre. L'assombrissement produit par cette pénombre pourrait cependant être encore mis en évidence par des clichés sur des films très contrastés comme le TP 2415 de Kodak.

Si une partie seulement du disque lunaire passe à travers le cône d'ombre terrestre, l'éclipse est partielle. Si la Lune ne traverse que la pénombre, le phénomène peut être pratiquement invisible. Seules les éclipses totales peuvent être spectaculaires. Chaque année, on compte de deux à cinq éclipses de Lune partielles ou totales. Chacune d'elles est visible de tous les lieux de la Terre où la Lune est levée, mais il est impossible de prévoir à l'avance leur luminosité.

Photographier une éclipse totale de Lune

Utilisez un téléobjectif aussi ouvert que possible. Le diamètre de l'image de la Lune sur le film étant de 1 mm environ par décimètre de focale, vous avez intérêt à utiliser un téléobjectif à longue focale.

L'éclipse totale de Lune du 17 octobre 1986 prise au foyer d'un télescope de 308 mm. Une pose de 4 secondes sur Agfa 1000.

L'éclipse de Lune du 4 avril 1996 à 0h30 TU prise au foyer de la lunette Takahashi. Une pose de 8 secondes sur Fujicolor 400 ISO.

Le Soleil semble être grignoté par la Lune lors de l'éclipse partielle du 12 octobre 1996. Photo prise au foyer d'une lunette Takahashi sur Fujicolor 200 avec un filtre alnico pleine ouverture.

Fixez l'appareil sur un trépied le plus stable possible.

Les temps de pose seront brefs pour les phases partielles, à cause de la brillance de la Lune. Ils sont à peu près identiques à ceux que vous emploierez pour photographier la Pleine Lune. La pose s'allongera jusqu'à plusieurs secondes pour obtenir l'image d'une partie ou de la totalité du disque lunaire éclipsé.

La partie de la Lune hors de l'ombre se trouvera alors surexposée et ne révélera aucun détail, mais le but de ces clichés est de mettre en valeur les couleurs des configurations lunaires situées dans l'ombre.

Un entraînement équatorial est nécessaire pour obtenir des images nettes pendant la totalité. Si vous opérez au foyer d'une lunette ou d'un télescope, la technique d'exposition est la même, mais si vous ne pouvez pas utiliser des vitesses rapides, avant la totalité, ajoutez un filtre. À titre indicatif, vous trouverez à la page 120 les temps de pose conseillés pour les différentes phases d'une éclipse de Lune. Si le phénomène se produit assez bas près de l'horizon, multipliez par deux ou par trois les expositions qui vous sont indiquées. Il est toujours recommandé de tirer également un cliché que vous jugerez surexposé et un autre sous-exposé. Le tableau indique comment le temps de pose doit être allongé au fur et à mesure de la progression de l'ombre sur le disque lunaire.

Les éclipses de Soleil

Sans télescope, on pourrait suivre à l'œil nu le déroulement d'une éclipse de Soleil avec un verre de soudeur (grade 14 minimum). Mais il est intéressant de l'observer avec un instrument, de préférence par projection.

Faut-il rappeler que la Lune, tout près du Soleil, est invisible pendant les instants précédant l'éclipse ? Le premier contact du disque lunaire avec le bord du Soleil est toujours très difficile à déterminer, même quand on connaît sa position calculée, publiée dans les schémas des annuaires astronomiques. Une légère déformation de la circonférence du Soleil vous avertira que le phénomène a commencé. Si vous observez par projection, il vous faudra trois ou quatre secondes de plus pour constater que le bord du Soleil est entamé.

Au télescope, vous apercevrez admirablement bien les silhouettes de montagnes visibles au bord de la Lune, se profilant en noir devant le disque solaire.

Les éclipses totales de Soleil sont très rares en un lieu donné : il faut donc aller les observer dans les régions précises où elles se produisent. Elles permettent de voir les protubérances et la couronne, atmosphère extérieure du Soleil, observables incomplètement au coronographe en dehors des éclipses totales.

Une éclipse partielle est un spectacle curieux mais beaucoup moins intéressant. Nombreux sont ceux qui, lorsque 90 % du disque solaire sont cachés, ne remarquent même pas le phénomène, tellement il reste encore de lumière !

Chaque année, il se produit au moins deux éclipses de Soleil et cinq de Lune au plus. Trois peuvent être totales ou annulaires, mais il se peut aussi qu'elles soient toutes partielles. La durée maximale d'une éclipse totale est d'environ sept minutes et demie.

Une avalanche de lumière

Les clichés d'une éclipse partielle de Soleil exigent les mêmes techniques que les clichés solaires courants et surtout les mêmes précautions… Film très lent, exposition rapide, objectif diaphragmé au maximum, filtre disposé à l'avant de l'optique (sauf pour les objectifs catadioptriques). Il faut lutter, par tous les moyens, contre cette véritable avalanche de lumière, amplifiée par l'instrument. Si vous opérez avec votre lunette ou votre télescope, la meilleure solution (la plus onéreuse aussi) consiste à équiper votre instrument d'un filtre pleine ouverture, qui ne laissera passer que 1/10 000 de la lumière. La technique du Mylar, moins coûteuse, procurera des images d'une définition inférieure. On pourra lui préférer un filtre en polyester aluminé, de meilleure qualité optique pour le contraste et la définition et réellement sécurisant.

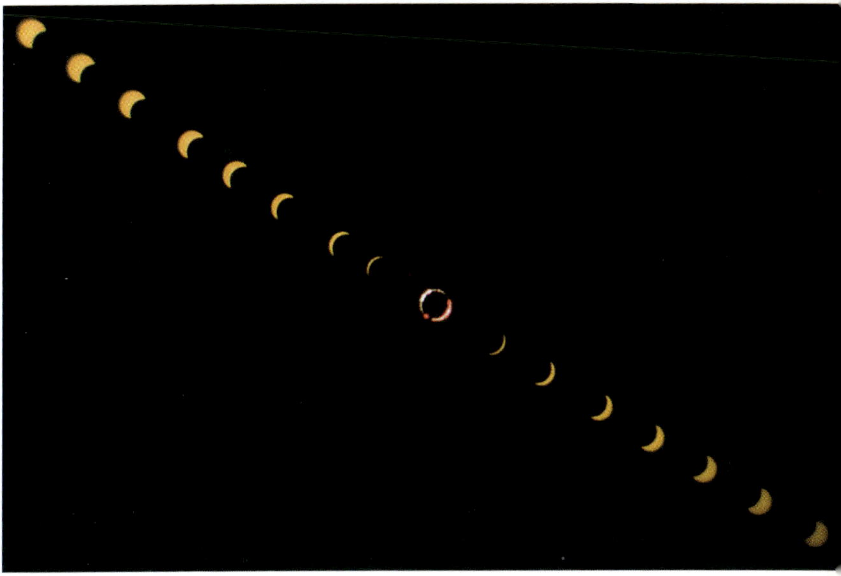

Un moyen simple de photographier la totalité de la durée d'une éclipse : la technique du chapelet. Un cliché toutes les 6 minutes sur la même vue. Éclipse totale photographiée au Kazakhstan le 31 juillet 1981.

Un entraînement équatorial n'est pas indispensable, sauf si l'éclipse est totale, les temps de pose pouvant atteindre plusieurs secondes pendant la phase de totalité.

L'image du Soleil est très petite : elle est de moins de un centimètre de diamètre par mètre de focale. Il vous faudra donc employer un téléobjectif d'au moins 200 mm de focale. En revanche, si vous utilisez un télescope, sachez que la couronne solaire externe ne tiendra pas dans le champ si la focale de votre instrument dépasse 1,50 m. Pour réaliser vos photos, aidez-vous du tableau de la page 120 pour déterminer les temps de pose corrects.

Photographier une éclipse en chapelet

Rassembler sur une seule et même image le déroulement d'une éclipse de Lune ou de Soleil enregistrée lors de ses phases successives : tel est l'intérêt de la prise de vue en chapelet. Un appareil 24 x 36 reflex permet ce genre de performance.

Comment procéder ?

On doit disposer d'un appareil avec lequel il est possible de réaliser des surimpressions, c'est-à-dire de superposer plusieurs vues sur le même négatif. Les anciens appareils à soufflet sont dans ce cas parfois très précieux. Mais, le plus souvent, vous utiliserez un reflex 24 x 36 muni d'un objectif dont la focale sera comprise entre 35 et 135 mm. Vous choisirez le film en fonction du phénomène à photographier : une émulsion très lente pour les éclipses de Soleil (en noir et blanc, le Technical Pan 2415 ; en couleurs, un film de 50 à 100 ISO). En revanche, pour les éclipses de Lune, vous choisirez parmi les films rapides de 400 à 800 ISO.

Fixez votre appareil sur un trépied très stable. Éventuellement, suspendez entre ses pieds un sac de lest rempli de sable, destiné à absorber les vibrations dues au vent ou au relèvement brutal du miroir de votre boîtier reflex.

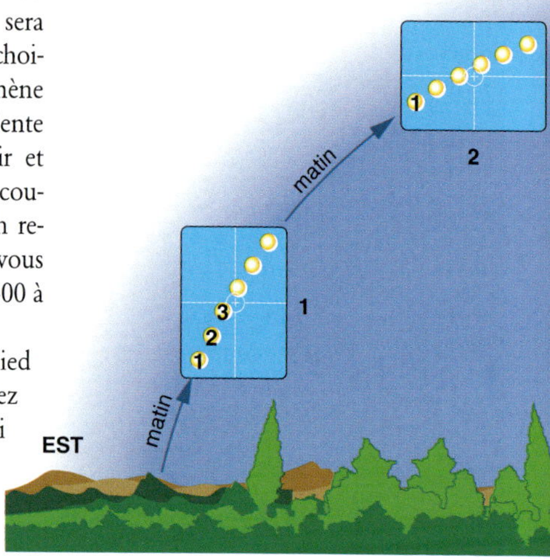

Une courte focale a permis de fixer la couronne solaire et les planètes Jupiter et Mercure.

Comment cadrer la première vue d'une « prise en chapelet » par rapport au moment de la journée où le phénomène se produit.

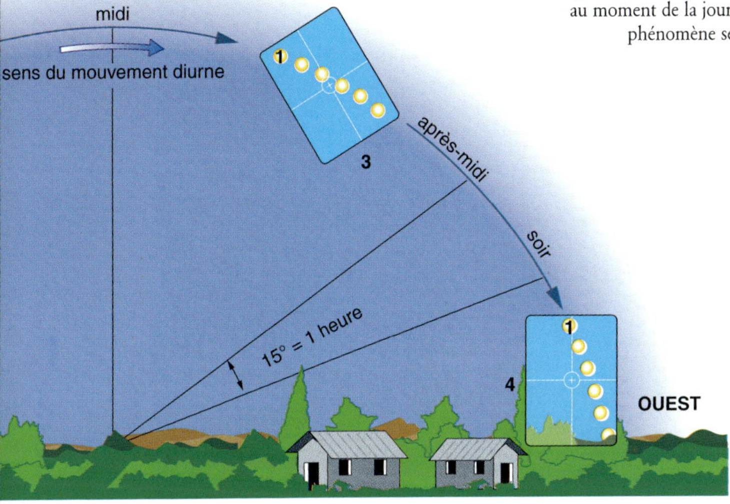

Rappelons que le mouvement diurne entraîne les astres à raison de 15 degrés par heure, soit 15 minutes d'arc par minute de temps. Puisque la Lune et le Soleil mesurent environ 30 minutes d'arc de diamètre apparent, ils se déplacent de la valeur de leur diamètre apparent en deux minutes de temps.

Si vous preniez une vue toutes les deux minutes, vous obtiendriez une image sur laquelle les disques de l'astre photographiés seraient tangents les uns aux autres. Dans la pratique, vous déclencherez toutes les trois minutes au minimum, afin d'éviter les risques de chevauchements inesthétiques.

La grande difficulté dans ce type de prise de vue est qu'il faut anticiper mentalement le mouvement du sujet en effectuant le cadrage. En vous référant au tableau des angles de champ des objectifs 24 x 36, page 179, vous pourrez, à l'aide d'une simple division, calculer le temps dont vous disposerez pour enregistrer le déroulement du phénomène. Par exemple, si vous utilisez un objectif de 50 mm, sa diagonale de champ mesure 45 degrés. Puisque 45/15 = 3, votre 50 mm vous permettra de suivre l'éclipse pendant trois heures. À raison d'un cliché toutes les six minutes, vous pourrez enregistrer jusqu'à trente images successives sur le même négatif. Enfin, en cadrant la première vue, vous prendrez soin de placer l'astre à photographier en bas et à gauche du viseur s'il se lève ou si l'heure de la prise de vue se situe avant son passage au méridien, en haut et à gauche si cet astre est déjà passé au méridien et descend vers son coucher.

Temps de pose pour la photographie des éclipses de Lune

Sensibilité du film	Pleine Lune par ciel clair	Pénombre après le 1er contact et avant le 4e	Au moment du 2e et du 3e contact	Au milieu de la totalité
64 ISO	1/250 f/8	1/60 f/8	1 s f/2	4 s f/2
80 ISO	1/250 f/9	1/60 f/9	1 s f/2,4	3 s f/2
125 ISO	1/250 f/11	1/60 f/11	1 s f/2,8	2 s f/2
160 ISO	1/250 f/13	1/60 f/13	1 s f/3,5	2 s f/2,4
400 ISO	1/250 f/22	1/60 f/22	1/4 s f/2,8	1 s f/2,8

1er contact : la Lune va pénétrer dans la pénombre.
2e contact : la Lune vient de pénétrer dans la pénombre.
3e contact : la Lune va sortir de la pénombre.
4e contact : la Lune vient de sortir de la pénombre.
(Les heures sont indiquées dans les annuaires d'éphémérides.)

Pour mieux comprendre cette technique, aidez-vous du schéma des pages 118 et 119. Quand vous aurez « saisi » plusieurs éclipses, vous serez à même de réussir un « coup de filet » aussi duperbe que celui de la page 117.

Quel temps de pose choisir ?

• Pour une éclipse de Lune, le temps de pose variera très sensiblement selon la phase du phénomène. Les temps donnés par le tableau ci-dessus ne sont qu'indicatifs, car l'éclat et la couleur de la Lune varient énormément d'une éclipse à l'autre.

Les valeurs peuvent doubler dans le cas d'une éclipse très sombre.

• Pour une éclipse partielle de Soleil, équipez votre objectif d'un filtre de type polymère noir, polyester aluminé ou verre aluminé. Votre posemètre peut dans ce cas vous donner une indication utilisable.

• Pour une éclipse totale, procédez comme précédemment lors de la phase

Temps de pose pour la photographie des éclipses de Soleil

Sensibilité du film	Phase partielle	Totalité protubérances	Totalité couronne intérieure	Totalité couronne extérieure
25 ISO	1/500 f/5,6 filtre densité 4	1/125 f/3,5 sans filtre	1/15 f/3,5 sans	1/2 s f/3,5 sans
50 ISO	1/500 f/8 filtre densité 4	1/125 f/4,5 sans	1/15 f/4,5 sans	1/2 s f/4,5 sans
64–80 ISO	1/500 f/10 filtre densité 4	1/125 f/5,6 sans	1/15 f/5,6 sans	1/2 s f/5,6 sans
125–160 ISO	1/500 f/15 filtre densité 4	1/125 f/8 sans	1/15 f/8 sans	1/2 s f/8 sans

À l'approche d'une éclipse totale de Soleil, les revues d'astronomie publient souvent des articles détaillés comprenant une carte de la zone de visibilité, les heures du « premier contact », de la totalité et du « dernier contact » pour diverses localités. Pas étonnant que des agences de voyages proposent des croisières pour aller observer une éclipse dans un pays lointain, puisque ce phénomène est un des plus beaux spectacles que le ciel puisse nous offrir.

partielle, et enlevez le ou les filtres pendant (et seulement pendant !) la totalité. Faut-il préciser que, pendant toute la durée du phénomène, votre appareil ne doit pas bouger d'un dixième de millimètre ?

En attendant, méditez le conseil de Fontenelle et ne parlez « jamais d'éclipse, de peur que l'on ne conserve la mémoire des sottises qui ont été faites ou dites sur ce chapitre-là ».

Flash sur les planètes proches

Les planètes sont d'autres terres du ciel, mais des terres bien différentes de la nôtre. Seule, Mars lui ressemble un peu… Comment les trouver dans le ciel, les observer et les photographier ?

Une observation délicate

Observer les surfaces planétaires et y apercevoir quelque chose nécessite un bon entraînement. Même sous un fort grossissement, les planètes apparaissent comme des confettis légèrement colorés, sur lesquels on ne distingue d'abord pas grand-chose. Avec beaucoup d'attention, on commence à y deviner quelques détails fugitifs.

Ne dépassez jamais le grossissement maximum admissible (soit 20 D en planétaire, si D exprime le diamètre instrumental en centimètres), afin de ne pas subir une perte sévère de contraste. L'expérience montre que le grossissement optimal se situe aux environs de 12 D. Vous pousserez un peu si la turbulence atmosphérique est faible. À titre indicatif : 80 fois pour une lunette de 60 mm et 150 fois pour un télescope de 115. Même avec de tels grossissements, les disques planétaires vous sembleront minuscules. Aucun rapport avec la Lune qui crève littéralement le champ de l'oculaire en suggérant le survol rapproché d'un autre monde. Les observations planétaires sont plus délicates. Vous peaufinerez la mise au point en plaçant le disque au centre du champ, mise au point souvent instable à cause de la turbulence instrumentale.

Fixez la planète pendant une vingtaine de secondes, stoppez puis recommencez plusieurs fois. Quelque chose vous apparaîtra sans doute.

Cinq planètes sont visibles à l'œil nu comme des étoiles brillantes qui ne scintillent pas : Mercure, Vénus, Mars, Jupiter et Saturne. Elles se déplacent parmi les constellations du zodiaque. On peut les identifier d'après leur éclat, leur couleur et leur position.

Mercure, si difficile à trouver

Comme Vénus, Mercure circule à l'intérieur de l'orbite de la Terre et par conséquent n'est jamais visible à l'opposé du Soleil, au milieu de la nuit. N'espérez pas la repérer facilement, surtout si vous êtes en ville… Elle n'est visible, au ras de l'horizon, que pendant quelques jours, le soir ou le matin, au moment de ses plus grandes élongations, quand sa distance apparente au Soleil est la plus grande.

Ces époques reviennent souvent, tous les cinquante-huit jours en moyenne, à cause de la rapidité du mouvement de Mercure autour du Soleil. Mais elle ne s'écarte jamais à plus de 28° de l'astre du jour et se trouve ainsi noyée dans la lumière du crépuscule ou masquée par les brumes de l'horizon. Il vous faudra exa-

	Éclat	Couleur	Position
Mercure	Intense mais très atténué au crépuscule	Jaune orangé près de l'horizon	Toujours très près de l'horizon, au voisinage du Soleil levant ou couchant
Vénus	Extrêmement brillant, plus que Sirius	Blanche	Se lève ou se couche au plus tard 3 h 1/2 avant ou après le Soleil
Mars	Variable	Orangé vif	Peut être visible en milieu de nuit
Jupiter	Très brillant	Blanche, parfois jaunâtre	*id.*
Saturne	Assez brillant	Orangé clair	*id.*

Uranus et Neptune sont repérables aux jumelles comme de faibles étoiles. Pluton est invisible.

miner attentivement aux jumelles le ciel occidental ou oriental, trois quarts d'heure environ après le coucher du Soleil ou avant son lever, au moment de ses plus grandes élongations. Les bonnes dates sont indiquées dans les éphémérides des revues d'astronomie : pour l'hémisphère Nord terrestre, les élongations favorables du soir sont celles de début mai, et les élongations favorables du matin sont celles de fin octobre. Pour trouver Mercure, fouillez le ciel à une dizaine de degrés au-dessus de l'horizon.

Le principal intérêt de cette observation est de constater ses phases, accessibles aux petits instruments avec un grossissement d'une centaine de fois, mais difficiles à suivre jusqu'au croissant. La phase augmente dans le ciel du matin et elle décroît dans celui du soir. Les observations du matin devront être tentées près de l'horizon une heure avant le lever du Soleil. Aux élongations favorables, Mercure se présente sous l'aspect d'une demi-lune de 9″ de diamètre.

Rappelons que le diamètre de ce petit monde mesure 38 centièmes de celui de la Terre. C'est la plus petite des huit planètes principales de notre système. Couverte de cratères et de cirques, Mercure est physiquement un sosie de la Lune.

Il faut utiliser un télescope de 150 mm pour pouvoir distinguer parfois quelques vagues taches grises sur son disque. L'observation des phases est la seule qui puisse se faire facilement. Observation de légitime curiosité…

Mercure est passée devant le Soleil le 15 novembre 1999, en passage rasant, presque tangentiel, assez peu spectaculaire.

En faisant preuve de patience et d'habileté, vous pourriez tenter un cliché de phase en élongation maximale, avec un projectif fournissant une longue focale résultante. Sur le film, le diamètre de Mercure est alors de 1 mm pour 20 m de focale. C'est bien peu…

Voir les phases et les nuages de Vénus

La planète Vénus circule entre le Soleil et la Terre sur une orbite contenue à l'intérieur de l'orbite terrestre. Son disque est donc illuminé plus ou moins complètement et Vénus présente des phases, comme la Lune. Quand elle est nouvelle, il est impossible de la voir puisqu'elle tourne vers nous son hémisphère obscur. Un peu avant ou un peu après, elle apparaît comme un très mince croissant dont le diamètre entre les cornes dépasse la minute d'angle. Il est impossible de voir quelque chose au télescope sur une surface aussi déliée.

Vénus est alternativement « étoile du soir » ou « étoile du matin ». Elle peut s'écarter jusqu'à 48° du Soleil et retarder alors le soir, ou avancer le matin, de plus de quatre heures sur le Soleil. Son éclat très blanc, supérieur à celui de Sirius ou de Jupiter, est splendide. Aux périodes de sa plus intense luminosité, elle porte une ombre et vous pourrez le constater en examinant la silhouette d'un crayon agité devant une feuille de papier tournée vers Vénus.

Elle passe entre le Soleil et la Terre tous les cinq cent quatre-vingt-quatre jours et, avant cette conjonction inférieure, elle est visible le soir à l'ouest pendant cinq mois. Après s'être écartée au maximum du Soleil, elle s'en rapproche chaque soir et semble disparaître quelques semaines plus tard comme étoile du matin et briller à l'est également pendant cinq mois. Puis elle se rapproche de nouveau du Soleil, en apparence, et disparaît dans son voisinage éblouissant pendant neuf mois pour redevenir ensuite étoile du soir.

Vénus, si belle à l'œil nu, est bien décevante dans un instrument. Sa surface, entièrement masquée par un voile uniforme d'épais nuages sans contraste qui ne s'écartent jamais, présente peu d'intérêt. Le plus intéressant à suivre, ce sont ses phases. Choisissez le mois précédant sa conjonction inférieure : plus Vénus semble se rapprocher du Soleil, mieux son croissant est dessiné. À la quadrature (élongation maximale), c'est une demi-lune de 25″ de diamètre. Se rapprochant de la Terre et augmentant de diamètre, elle atteint bientôt son maximum d'éclat : soixante-neuf jours avant sa conjonction inférieure à 39° du Soleil, son diamètre apparent mesure alors 40″ et sa magnitude peut atteindre – 4,4. Une lunette grossissant quarante-sept fois montre alors Vénus au même diamètre que la Lune à l'œil nu. On n'aperçoit alors que le quart du disque illuminé, mais ce quart émet plus de lumière que lorsque la planète se trouve au plus près

Vénus est, après Jupiter, une planète relativement facile. Elle ne laisse néanmoins rien voir des détails de sa surface. Lunette Zeiss de 63 mm munie d'un oculaire de 12,5 mm donnant, avec une Barlow, une focale résultante de 9 m.

de la Terre, en nous présentant un croissant extrêmement mince, dont le diamètre peut mesurer jusqu'à 62″.

La moindre longue-vue suffit pour apercevoir les phases de Vénus. Mais il faut un télescope supérieur à 100 mm pour remarquer une bordure estompée et irrégulière le long du cercle intérieur d'illumination – et pour comparer les deux cornes du croissant qui sont souvent inégales. Vous pourrez alors suivre très loin leurs fines pointes. Ce prolongement des cornes du croissant vénusien est produit par l'éclairement de la haute atmosphère débordant au-dessus de l'hémisphère obscur. Il faut un excellent instrument et un ciel très pur pour deviner sur son disque quelques taches vagues et incertaines.

La planète Vénus est entourée d'un épais manteau de nuages qui masquent totalement son sol. La meilleure période pour les observations se situe lors des élongations, quand son diamètre est voisin de 24″. Le voile qui l'entoure semble alors très légèrement inégal, mais, pour s'en rendre compte, il faut utiliser un filtre bleu qui accroît le contraste. Les meilleures observations se feront au crépuscule et même pendant le jour.

Bien qu'elle soit celle qui s'approche le plus près de la Terre (42 millions de km), cette planète est pourtant décevante et offre peu d'intérêt pour l'observateur. Puisqu'elle circule entre le Soleil et la Terre, elle peut passer devant le Soleil. Événement très rare car la planète transite en général un peu au-dessus ou au-dessous du disque solaire. Le dernier passage remonte à 1882, le prochain se produira le 7 juin 2004, suivi par un autre le 5 juin 2012 puis le 11 décembre 2117…

À cause de sa température superficielle de 400°C, on a pu dire que Vénus était l'« enfer voilé ».

Comment photographier Vénus ?

La luminosité de Vénus étant très intense, vous obtiendrez de meilleurs résultats en essayant des clichés au crépuscule. Utilisez des films lents comme Fuji Velvia ou TP 2415. Les phases sont photographiables avec une focale résultante de 5 à 10 m. Agrandissez donc l'image focale avec un oculaire, comme nous l'avons vu au chapitre « La Lune, proie de débutant », et aidez-vous du tableau des temps de pose moyens (voir chapitre « Coup d'œil sur les planètes géantes »). Vous pourriez aussi utiliser un filtre UV. N'espérez pas obtenir un détail sur le disque : les bords seront toujours assez flous.

Notre voisine, la planète Mars

Mystérieuse et passionnante, voici la plus célèbre des planètes, Mars, celle qui a excité l'imagination des romanciers plus que toutes les autres. Les Martiens n'existent pas, nous en sommes sûrs depuis juillet 1976, date à laquelle deux sondes américaines se sont posées en douceur sur son sol caillouteux et desséché. Les clichés rapprochés pris par les sondes américaines et soviétiques ont montré des formations circulaires analogues aux cirques lunaires, des vallées et de profondes érosions produites par les vents. À certaines époques, des nuages de poussière fine flottent dans l'atmosphère ténue de la planète et cachent les détails de sa surface.

Si Mars semble orangée, c'est parce qu'elle est recouverte d'une poussière d'oxyde de fer.

Y a-t-il des canaux sur Mars, comme le crurent les observateurs des années 1900 ? Non, les clichés pris à courte distance de la planète n'ont jamais révélé de telles formations, illusions produites sans doute par des alignements accidentels de petites taches aperçues dans des instruments à faible pouvoir séparateur. L'incertitude d'appréciation d'aussi fins détails est facilement compréhensible quand on sait que l'image de Mars, au foyer d'une lunette géante de 1 m d'ouverture et de 15 m de longueur focale, mesure moins de 2 mm !…

On observe souvent cette planète à travers des filtres. Avec un filtre rouge, les calottes polaires semblent moins brillantes et les zones foncées paraissent plus sombres. Vous obtiendrez l'effet contraire en utilisant un filtre vert ou bleu.

Pour apercevoir (ou plutôt deviner) quelques détails identifiables, donc intéressants, il faut au moins un télescope de 115 mm de diamètre et avoir la patience d'attendre que Mars passe au plus près de la Terre, le Soleil, la Terre et Mars formant alors une ligne droite du même côté du Soleil. Cela se produit tous les sept cent quatre-vingts jours en

Mars, très petite, est souvent difficile à photographier… et avare de détails ! Lors des oppositions favorables, vous pourrez peut-être saisir les grandes configurations. Télescope Mizar de 120 mm et oculaire de 4 mm.

moyenne, mais il faut quinze ou dix-sept ans pour bénéficier du rapprochement minimal.

Lorsque Mars passe en opposition, son observation quotidienne devient passionnante. Mais, attention, vous ne disposez que de quelques semaines pour l'observer dans les meilleures conditions !

De vagues détails sur un confetti orange

Pour l'amateur modestement équipé, la planète Mars est un objet difficile et décevant. Principale raison : son diamètre apparent est habituellement très petit (de 9 à 10″ en moyenne). La première règle du jeu est donc d'observer Mars en opposition, au plus près de la Terre, à une bonne soixantaine de millions de kilomètres. Prochaines périodes favorables : mai-juin 2001, août-septembre 2003, puis octobre-novembre 2005. Diamètre : de 14 à 24″.

De plus, Mars est un objet difficile à mettre au point. Vous réglerez votre oculaire à l'avance sur une étoile brillante voisine.

Première impression : Mars est un confetti minuscule, peu contrasté et légèrement agité. Ses détails vaguement perceptibles sont pâles. Seule la calotte polaire ressort assez bien. Il faut pourtant insister et patienter pour profiter d'un de ces instants bénis où l'image permet de saisir tout à

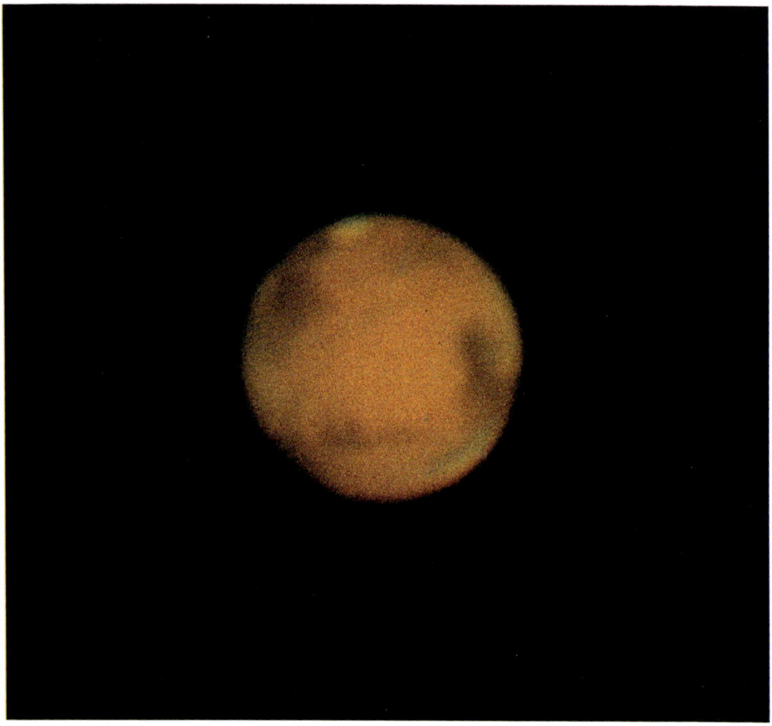

Photographiée à l'aide du télescope de 1 m du pic du Midi, la planète rouge laisse découvrir ses principales configurations.

coup un détail, un contraste, une nuance fugitive. C'est alors qu'un instrument d'amateur reprend l'avantage sur les gros télescopes.

Que peut-on voir sur Mars avec une petite lunette ? Certaines particularités à l'origine précisément des anciennes controverses. Avec un diamètre de 60 à 80 mm, vous apercevrez aux oppositions le minuscule point blanc d'une calotte polaire, mince pellicule de givre qui se dépose autour d'un noyau central. Pour tenter quelques observations intéressantes, il faut au moins un télescope de 100 à 150 mm et un grossissement de 200 fois. Habituellement, le disque martien paraît uni, rose ocré, cette teinte étant produite par une fine couche de poussière ferrugineuse recouvrant le sol.

Dans les régions équatoriales, vous apercevrez parfois une tache triangulaire isocèle assez sombre : c'est Syrtis Major (autrefois appelé la « mer du Sablier ») ; Solis Lacus (le « lac du Soleil ») quand il est très foncé ; Sinus Meridiani, tache allongée terminée par une fourche, Sinus

Sabaeus et Mare Acidalium. Consultez les cartes publiées dans les manuels d'astronomie (*À l'affût des étoiles*, éd. Dunod, chapitre 25). Tout cela est vague, incertain, évanescent et flou, beaucoup moins bien dessiné que sur les planisphères de Mars...

La planète tourne sur elle-même en 24 heures 37 minutes, de telle sorte que, d'un soir sur l'autre, vous retrouvez le même aspect si vous l'observez à la même heure. Il faut de quatre à cinq nuits pour constater un léger glissement des configurations et c'est seulement après trois semaines que vous découvrirez l'hémisphère opposé. Si vous observez Mars tous les soirs à la même heure, vous verrez défiler lentement toutes les configurations martiennes en quarante nuits.

À partir de l'opposition, son diamètre apparent décroît assez rapidement à cause de la diminution quotidienne de sa distance à la Terre, et Mars « en quadrature », comme disent les astronomes, présente une phase assez sensible, à peu près comme le disque lunaire, trois jours après la Pleine Lune. La direction Terre-Mars forme alors un angle droit avec la direction Terre-Soleil. Le disque de la planète semble alors diminuer de largeur, et d'habiles observateurs ont parfois aperçu de minuscules irrégularités sur le terminateur.

Photographier Mars : un exploit

Pour un amateur bien équipé, photographier Mars est une prouesse technique. Même avec des rapports d'ouverture f/D de 50 à 80, le diamètre martien mesure moins de un millimètre sur le film ! Pourtant sa luminosité élevée autorise des poses relativement courtes et facilite les grandissements importants. Une calotte polaire et le triangle sombre de la Grande Syrte seront parfois enregistrés avec un filtre jaune.

En période d'opposition, vous pourriez tenter un cliché avec un télescope de 100 à 150 mm et un rapport f/D de 80. Utilisez un film assez rapide de 400 à 800 ISO. Avec de la chance et une faible turbulence, vous pourriez obtenir une des grandes configurations martiennes. Nous entrons là dans le domaine des amateurs utilisant des télescopes de 200 et plus. Alors, ne rêvez pas trop aux fameux canaux !...

Coup d'œil sur les planètes géantes

Les deux plus grosses planètes lointaines sont les plus faciles à observer. Jupiter a même été surnommée la « planète des amateurs » et ses quatre lunes sont visibles avec des jumelles.

Jupiter

Ce qu'on voit sur Jupiter

La moindre petite lunette suffit pour apercevoir les bandes de Jupiter et pour apprécier son aplatissement assez sensible (1/15). Vous ne verrez jamais la surface de la planète, mais une couche permanente d'épais nuages étirés en bandes parallèles à son équateur. Si vous pouvez observer une tache assez caractéristique, vous constaterez la rotation du globe, mais l'atmosphère de Jupiter est si épaisse et si absorbante que les taches qui traversent son disque en cinq heures disparaissent une heure avant d'arriver au bord du limbe.

À sa distance minimale de 645 millions de km, son diamètre apparent mesure 46″, soit seulement 39 fois moins que celui de la Lune, de sorte qu'un instrument grossissant 39 fois vous montre le disque de Jupiter de la même taille que vous voyez la Lune à l'œil nu.

Jupiter, souvent surnommée la « planète des amateurs ». C'est la plus facile à photographier, étant donné son grand diamètre apparent et sa brillance. Télescope Newton de 200 mm muni de deux Barlow donnant un rapport final de f/D = 61.

Jupiter photographiée avec un Celestron de 203 mm d'ouverture en projetant l'image focale par un oculaire de 9 mm. Film Ektachrome 400 ISO.

Son aspect se modifie rapidement et ses bandes changent de forme, de couleur, de brillance et d'étendue. En général, l'équateur est marqué par une zone blanche. De part et d'autre de cette zone, il y a une bande rougeâtre assez foncée. Au-delà de ces deux bandes sombres, l'une boréale, l'autre australe, vous remarquerez des sillons parallèles alternativement blancs et gris. Les formations nuageuses claires forment ce qu'on appelle des « zones », et les sombres forment des bandes qui zèbrent la surface jovienne parallèlement à l'équateur. La nuance générale devient plus homogène et plus grise près des pôles et les régions polaires sont habituellement bleuâtres.

Ce portrait-robot varie parfois si profondément qu'on ne la retrouve plus : l'équateur peut être occupé par une bande sombre, et l'on aperçoit quelquefois des lignes claires aux latitudes élevées. Il arrive que les bandes soient larges et espacées ; elles peuvent aussi être fines et serrées. Tantôt leurs bords sont déchiquetés, tantôt ils sont rectilignes. Des taches blanches peuvent flotter au-dessus des bandes et des traînées sombres les croisent parfois obliquement.

Jupiter est donc un monde changeant qui semble défier l'analyse et les prévisions.

Des nuages en bandes et une tache rouge

Pour apercevoir les bandes de Jupiter, il faut une lunette de 60 mm de diamètre armée d'un grossissement d'une cinquantaine de fois. Ces bandes parallèles, alternativement claires et sombres, témoignent d'une atmosphère agitée aux courants violents. Que sont ces bandes ? Simplement des structures nuageuses allongées de la haute atmosphère.

Avec un télescope plus puissant et un grossissement de 150 à 200 fois, vous découvrirez parmi ces bandes des taches claires ou sombres, rondes ou ovales, qui sont aussi des nuages. Un observateur entraîné y distinguera diverses nuances : crème, jaune, brun, orange et même rouge et bleu. Les bandes, parfois interrompues par des perturbations changeantes qui témoignent de turbulences variables dans cette énorme atmosphère, ceinturent presque toujours la totalité du disque. Il faut un télescope de 150 pour distinguer la structure fine de ces nuages, dont les bords sont festonnés.

Vous découvrirez souvent un objet célèbre par sa couleur : la grande tache rouge, située dans l'hémisphère austral à environ – 25° de latitude. C'est un ovale de 13 000 sur 39 000 km. On la suit depuis trois siècles et sa teinte varie d'intensité. En deux heures, sa position apparente change avec évidence. Dans un instrument qui renverse les images, elle se déplace de droite à gauche, témoignant d'une rotation rapide de la planète (en moins de dix heures). Un point de son équateur parcourt ainsi 12,5 km par seconde (contre 460 m à l'équateur terrestre) en développant une énorme force centrifuge. Vous comprenez alors pourquoi Jupiter est aplatie aux pôles… Pas de surface solide : la planète est encore liquido-gazeuse et son atmosphère est surcomprimée.

La tache rouge serait une énorme structure cyclonique permanente dont nous n'apercevons que la partie supérieure d'une colonne de nuages en mouvement tourbillonnant.

Lors d'une longue nuit d'hiver, vous pourriez même observer une rotation complète lorsque Jupiter est visible toute la nuit en période d'opposition. Il suffit de disposer pour cela de neuf heures cinquante-cinq minutes pour constater la réapparition des mêmes taches dans les mêmes positions. Tout cela est assez facile à observer avec un petit télescope : voilà pourquoi Jupiter est souvent surnommée la « planète des amateurs ».

Suivez le ballet des satellites

Aux jumelles, Jupiter est un gros point flou entouré de quatre points minuscules, ses gros satellites, que Galilée découvrit en 1609. Dans une petite lunette, ce cortège est ravissant, et il est passionnant de suivre les déplacements de ces points lumineux. D'une nuit à l'autre, ils changent de position, de sorte que leur configuration varie sans cesse.

Quand nous disons d'une nuit à l'autre, nous pourrions presque dire d'une heure à l'autre, tant leurs mouvements sont rapides, Io par exemple, le satellite le plus proche, ne mettant que 42 heures à tourner autour de Jupiter, passe en vingt et une heures de son élongation orientale à son élongation occidentale – et en dix heures du voisinage de la planète mère à l'une de ses élongations. En deux ou trois heures, vous pouvez donc constater ce mouvement, lorsque Io passe près de Jupiter ou d'un des trois autres satellites galiléens.

Les magnitudes des satellites sont, respectivement, Io : 6,2 ; Europe : 6,3 ; Ganymède : 5,8 ; Callisto : 6,6, mais ils varient légèrement d'éclat, surtout Callisto. Le diamètre de Ganymède mesure 5 800 km : il est donc plus gros que la Lune et que Mercure. Diamètre apparent : 1,5″.

Si vous désirez connaître les positions respectives de ces quatre satellites pour chaque nuit, consultez leurs éphémérides publiées dans les revues *Ciel et Espace*, *Astronomie magazine* et *Éclipse*.

Les heures des phénomènes observables sont indiquées dans ces éphémérides avec les abréviations suivantes :

- **Éclipse** : le satellite passe dans l'ombre de Jupiter.
  Ec : commencement de l'éclipse.
  Ef : fin de l'éclipse.
- **Occultation** : le satellite passe derrière Jupiter.
  Imm : immersion (disparition).
  Em : émersion (réapparition).
- **Passage** : le satellite passe devant Jupiter.
  Pc : commencement du passage.
  Pf : fin du passage.
- **Passage d'ombre** : l'ombre du satellite passe comme un point noir devant le disque de Jupiter.
  Oc : commencement du passage.
  Of : fin du passage.

Les éclipses et les occultations sont observables avec une petite lunette grossissant 50 fois, un passage d'ombre est visible avec un télescope de 100 mm et un passage de satellite requiert un télescope de 150.

Comment photographier Jupiter et ses satellites

L'aplatissement du disque et les bandes sont assez faciles à photographier, mais la tache rouge nécessite pour être enregistrée un télescope d'au moins 135 mm. Pour obtenir une image d'au moins 3 mm sur le film, il faut un grandissement de 4 à 8 fois, mais les poses ne doivent guère dépasser 2 secondes. Utilisez donc le principe de la projection par oculaire, avec un rapport f/D résultant de 60 à 80, selon votre instrument. Et un film de 400 à 800 ISO si votre instrument n'est pas motorisé. Jupiter, comme Vénus, est photographiable avec une

Les bandes observées sur Jupiter sont des nuages changeants révélant une intense activité atmosphérique.

lunette de 60 azimutale, à condition de poser moins d'un quart de seconde.

Un filtre jaune fera ressortir les taches claires mais diminuera le contraste. Les bords du disque seront toujours flous parce que sous-exposés. Ce sont les films en couleurs qui donneront les images les mieux équilibrées.

Les satellites de Jupiter se photographient au foyer d'un équatorial entraîné, avec une exposition de 10 à 20 secondes pour une sensibilité de 100 à 200 ISO. Il est impossible d'obtenir à la fois des détails sur la planète et l'image des satellites parce que le grandissement nécessaire pour réussir un disque lisible ne permet pas d'englober les satellites dans le même champ. Par ailleurs, le temps de pose nécessaire pour faire ressortir les détails de Jupiter est insuffisant pour les satellites. En posant de 10 à 20 secondes, on surexpose donc le disque de la planète qui apparaît alors sans détails au tirage.

⋆ Saturne

Une planète à géométrie variable

Si vous pointez Saturne avec une longue-vue sur pied grossissant une vingtaine de fois, vous vous étonnerez que la mise au point ne puisse vous montrer autre chose qu'une minuscule olive. Cet aspect singulier laisse soupçonner la présence des fameux anneaux. Dans une petite lunette grossissant une cinquantaine de fois, les anneaux sont nettement aperçus.

Le plus bizarre pour un observateur novice, c'est que l'aspect de Saturne n'est pas toujours le même : les anneaux s'ouvrent et se ferment !

Simple affaire de perspective, bien sûr : les anneaux de l'orbite saturnienne sont penchés de 27° sur le plan de l'orbite saturnienne et, comme la direction de leur plan est invariable dans l'espace, ils se présentent différemment selon la position de Saturne sur son orbite. Tout se passe comme si les anneaux se balançaient par rapport à la Terre… À certaines périodes, nous les voyons par-dessus, à d'autres moments, par-dessous, voire même par la tranche pendant quelques semaines tous les quinze ans : Saturne semble alors sans anneaux ! C'est ce phénomène visible en 1995 qui se reproduira en 2009 puis en 2024. En 1987, ils ont été le plus ouverts puis ils se sont progressivement refermés jusqu'en 1995 et ils s'ouvriront à nouveau au maximum en 2002. Vous pourrez ainsi observer le cycle complet de tous les aspects possibles sur une période de trente ans. Cela semble long à l'échelle humaine, mais c'est infinitésimal à l'échelle astronomique.

Ce qu'on voit sur Saturne

La première fois que vous découvrirez Saturne et sa couronne dans le champ d'un télescope, vous ressentirez le « choc astronomique »… Un puissant télescope n'est pas nécessaire pour apercevoir les anneaux qui donnent à Saturne son aspect si étrange. Vous les verrez comme une charmante miniature dans une lunette de 50 mm grossissant une cinquantaine de fois.

Saturne, prince des ténèbres, constitue une des plus belles visions que l'on puisse s'offrir avec un télescope. Néanmoins, c'est un objet difficile à photographier et qui reste le domaine des amateurs bien outillés. Photo prise au télescope 1 m du pic du Midi.

Pour distinguer l'intervalle sombre qui semble partager les anneaux en deux zones concentriques, il faut un miroir de 100 mm et un grossissement d'au moins 150 fois. Il s'agit de la division de Cassini, du nom de l'astronome qui la découvrit en 1676. Ce vide est bien visible aux anses des anneaux, mais il n'est observable tout autour qu'avec un télescope de 150.

Quand l'atmosphère est très pure et les images suffisamment calmes, un télescope de 200 permet parfois de soupçonner l'anneau intérieur transparent, surtout devant le disque de Saturne. Ses anses, grises sur le fond noir, sont difficiles à apercevoir.

Vous observerez aussi avec intérêt les teintes des anneaux. Le bord extérieur de l'anneau du milieu est habituellement très brillant. Des zones concentriques semblent se succéder en s'affaiblissant dans la largeur de cet anneau. Parfois, vous pourrez apercevoir une petite ligne vers le milieu de l'anneau extérieur. Avec un télescope de 150, vous devinerez quelquefois sur le disque quelques bandes nuageuses rappelant celles de Jupiter. L'équateur est généralement marqué par une ceinture blanchâtre avec une bande sombre de chaque côté. La calotte polaire semble légèrement verdâtre.

Avec les télescopes d'amateur, il est extrêmement difficile de suivre une tache sur le disque pour apprécier la rotation du globe. Il faut pour cela un diamètre instrumental d'au moins 250 à 300 mm.

Les planètes telluriques

	Mercure	Vénus	Terre	Mars
Distance moyenne au Soleil en U.A.	0,387	0,723	1	1,524
en millions de km	57,9	108,2	149,6	227,9
Période de révolution sidérale (en années)	0,241	0,615	1,006	1,881
Vitesse moyenne sur l'orbite (en km/s)	47,9	35,0	29,8	24,1
Inclinaison de l'orbite sur l'écliptique	7° 0′	3° 24′	0°	1° 51′
Diamètre équatorial (en km)	4 878	12 104	12 756	6 791
Aplatissement du globe	≈ 0	≈ 0	0,0033	0,005
Masse (si Terre = 1)	0,055	0,815	1	0,107
Densité (g/cm^3)	5,45	5,18	5,52	3,96
Durée de la rotation à l'équateur	58,654 j	– 243 j	23,9342 h	24,6230 h
Albédo (coefficient de réflexion)	0,06	0,69	0,39	0,15
Pesanteur à la surface (en cm/s^2)	368	850	982	376

Les planètes telluriques ressemblent à la Terre : tailles modestes, densités voisines de 5, surfaces solides.

Deux satellites bien visibles

Saturne est dotée de plusieurs satellites, Titan en est le plus gros : avec ses 6 800 km de diamètre, il surpasse en dimensions la Lune, Mercure et Mars. Diamètre apparent : 1″ ; magnitude : 8,5. Une lunette de 60 suffit pour l'apercevoir à ses élongations. Sa distance au centre de Saturne mesure 22 fois le rayon de la planète. Après Titan, Japet est le satellite le plus facile à découvrir (avec une lunette de 75 mm, diamètre apparent : 0,63″ ; magnitude : 9). Élongations à 32 diamètres saturniens.

Les planètes géantes

Jupiter	Saturne	Uranus	Neptune	Pluton
5,203 778,2	9,539 1 428,0	19,188 2 869,2	3,060 4 495,2	39,43 5 905
11,861	29,457	84,017	164,781	248,42
13,09	9,64	6,80	5,43	4,7
1° 18′	2° 29′	0° 46′	1° 46′	17° 08′
142 796	120 800	51 300	49 500	2 800 ?
0,06	0,10	0,07	0,02	?
317,89	95,18	14,60	17,22	0,004 ?
1,33	0,71	1,57	1,77	2 ?
9 h 50 min	10 h 14 min	14 h 49 min	15 h 40 min	6,387 j
0,41	0,42	0,45	0,54	0,15 ?
2 600	1 120	940	1 500	100 ?

Les planètes géantes ne ressemblent pas à la Terre : grandes tailles, faibles densités (voisines de 1), pas de surface solide.

Rhéa est en revanche plus difficile à apercevoir dans un télescope de 100 à 150 mm, à cause de sa faible distance au centre de Saturne (magnitude : 10). En quelques circonstances exceptionnelles, vous observerez Thétys et Dioné avec un télescope de 150 à 200. Excellent test visuel et instrumental.

Comment photographier Saturne ?

Saturne, plus petite et plus sombre que Jupiter, est difficile à photographier. Les meilleurs clichés pourraient révéler la division de Cassini, l'ombre du globe sur

Vu son éloignement, peu de détails apparaissent sur la surface même de Saturne. Voici une photo à haute résolution réalisée au pic du Midi avec le télescope de 1 mètre.

les anneaux et des anneaux sur le globe, mais on ne peut photographier aucun détail sur le disque.

Signalons deux difficultés majeures : il faut un fort grandissement et une assez longue pose, d'où la nécessité d'un bon entraînement équatorial. Avec une lunette d'au moins 80 mm, un rapport f/D de 80 à 100 et une pose de 8 à 10 secondes sur du 100 ISO, vous pourriez tenter quelques clichés. Un télescope de 200 mm sera nécessaire pour montrer sur une photo la différence de teinte entre l'anneau extérieur et l'anneau intérieur.

Cible excitante, Saturne sera toujours l'un des plus beaux clichés dont puisse rêver un astrophotographe amateur.

Les planètes invisibles

Uranus est à la limite de la visibilité à l'œil nu. Vous la trouverez aux jumelles en vous aidant des éphémérides publiées dans les revues astronomiques, en reportant ses positions sur une carte allant jusqu'à la 7e magnitude et demie. Elle vous apparaîtra comme une petite étoile dont

vous pourrez suivre le déplacement de semaine en semaine. Il faut la grossir de 100 à 150 fois pour commencer à deviner son minidisque bleu verdâtre, toujours un peu flou. Aucun télescope d'amateur ne peut montrer le moindre détail à sa surface. Uranus met sept ans en moyenne pour traverser une constellation zodiacale. Depuis l'an 2000, Uranus se trouve dans la constellation du Verseau. Son diamètre apparent est de 4″.

Neptune, jamais visible à l'œil nu, est encore plus difficile à apercevoir aux jumelles ; il faut un grossissement de 200 à 250 fois pour deviner son disque verdâtre, sans détail perceptible. Observation de pure curiosité d'ailleurs… Neptune se trouve actuellement dans le Sagittaire. Diamètre apparent : 2,5″.

Pluton est actuellement dans la Vierge, de 14e magnitude, aussi proche de nous que Neptune. Accessible visuellement avec des télescopes de 250 mm et plus, elle est sans intérêt pour l'amateur.

Les astéroïdes, miniplanètes, circulent presque tous entre Mars et Jupiter. Les plus gros, comme Vesta, Cérès, Pallas et Junon, peuvent être parfois repérés aux jumelles en s'aidant des éphémérides publiées dans les revues d'astronomie. Certains télescopes comme les VLT, Gemini, Keck et autres radiotélescopes permettent de les distinguer. Leur repérage est facilité quand ils sont en conjonction avec une étoile brillante.

Qu'il s'agisse d'Uranus, de Neptune ou de quelques astéroïdes, voilà une bonne occasion d'utiliser les cercles gradués de votre instrument, à condition qu'ils aient été préalablement initialisés (voir chapitre « Apprivoisez votre instrument »). Ils vous permettraient de placer ces astres dans le champ d'un oculaire faible.

Vous pourriez, à une ou deux semaines d'intervalle, prendre un cliché du champ stellaire où se trouve Uranus ou Neptune, pour mettre en évidence leur déplacement parmi les étoiles. Un téléobjectif monté en parallèle d'un équatorial entraîné convient très bien à ce genre de cliché.

Temps de pose moyens pour photographie planétaire avec T-Max 100 ou TP 2415

f/D résultant	40	60	80*	120
Vénus	1/60	1/30	1/15*	1/8
Mars	1/15	1/8	1/4*	1/2
Jupiter	1/2	1 s	2 s*	4 s
Saturne	2 s	4 s	8 s*	16 s

* Valeur conseillée.

Le fourmillement stellaire

Il faut « apprendre son ciel » si l'on veut faire sérieusement de l'astronomie. L'observation d'une étoile isolée est sans grand intérêt, mais les étoiles doubles colorées offrent de ravissantes miniatures et la surveillance des étoiles variables peut aider les astronomes professionnels.

Itinéraires d'observation

Se repérer dans le ciel est au fond un exercice très simple : vous démarrez d'une constellation-repère – Orion en hiver, la Grande Ourse en toute saison ou la Croix du Sud dans l'hémisphère austral – et, de proche en proche, par un cheminement plus ou moins géométrique, vous identifiez les constellations voisines qui, à leur tour, vous serviront de nouvelles bases de départ. Ne considérez que les étoiles brillantes et ignorez toutes les autres. D'ailleurs, les quatre-vingt-huit constellations sont des figures tout à fait arbitraires tracées par les anciens astronomes avec des lignes courbes ou brisées reliant leurs étoiles.

Le ciel fourmille d'objets plus étonnants les uns que les autres. Il n'est pas toujours nécessaire de posséder un télescope pour photographier le ciel profond ; ici, la Grande Ourse, prise avec une chambre 4 x 5 inches.

Le plus commode est de débuter avec une carte céleste mobile (du genre Miniciel ou Planiciel) montrant la configuration des constellations visibles à chaque heure de chaque nuit de l'année. Elle est circulaire et la carte tourne comme le ciel derrière une fenêtre représentant l'horizon. En composant l'heure en face de la date,

vous obtiendrez l'aspect du ciel local en France à l'instant de l'observation.

Vous vous reporterez ensuite à une carte plus détaillée représentant tout un hémisphère céleste et vous la compléterez par une carte équatoriale rectangulaire, utile pour les repérages planétaires. Vous trouverez dans le Multiguide Bordas *Observer le ciel à l'œil nu et aux jumelles* (Pierre Bourge et Jean Lacroux) la description du ciel, constellation par constellation, avec les meilleurs cheminements pour s'y retrouver et la liste des observations réalisables aux jumelles dans le ciel de toutes les nuits.

Combien d'étoiles visibles ?

Les étoiles visibles au même moment sont moins nombreuses qu'on ne le pense. Il n'y en aurait que 7 600 visibles à l'œil nu dans les deux hémisphères célestes. Sans atmosphère, nous pourrions apercevoir en même temps la moitié de ces étoiles mais, à cause de la forte absorption de la lumière des astres faibles près de l'horizon, nous ne voyons que 2 600 étoiles par nuit claire et sans Lune. Dans les grandes villes, où les astres peu lumineux ne sont jamais observables, vous apercevrez tout au plus 200 étoiles en même temps. C'est peu…

Admirez les couples célestes

Répétons-le : observer une étoile isolée, même très brillante comme Sirius ou Véga, n'offre pas grand intérêt, sauf celui de tester un objectif sur les anneaux de diffraction. Au contraire, la vision d'un astre double assez serré présente un attrait certain puisqu'il permet d'apprécier le pouvoir séparateur de l'instrument, d'essayer un oculaire et d'évaluer la turbulence atmosphérique. Ajoutons que, pour l'amateur passionné, un couple céleste coloré, juste à la limite de la séparation, est toujours un bijou optique assez exceptionnel.

La « Californie du ciel », comme l'appelait l'astronome Camille Flammarion, illumine notre ciel hivernal. Sous la ceinture (les Trois Rois) se trouve une des plus célèbres nébuleuses, la nébuleuse d'Orion.

Les étoiles doubles paraissent simples à l'œil nu : tous les amateurs savent cela. On ne les voit doubles que si l'on dirige vers elles un instrument qui grossit suffisamment. Avec un oculaire faible, les

Le double amas d'étoiles « H » et « Ki » Persée est remarquable aux jumelles, et facile à trouver entre Cassiopée et Persée. Le premier est situé à 7 000 années-lumière et le second à 8 000. Ils sont de magnitude 9. Magnifique spectacle dans un petit instrument. Photo prise au foyer d'un télescope de 200 mm Newton.

Étoiles doubles très faciles à observer aux jumelles ou dans une petite lunette

Nom de l'étoile	Magnitude apparente de chaque étoile	Écartement des composantes en secondes d'arc
Gamma du Petit Cheval	5,0 et 6,0	356″
Bêta Capricorne	3,5 et 6,0	205″
11-12 Girafe	5,5 et 6,5	180″
17 Chevelure de Bérénice	5,5 et 6,5	145″
Thêta Orion	5,2 et 5,5	135″
Gamma du Lièvre	3,8 et 6,3	107″
14 Petit Chien	5,5 et 7,0	76″
Tau Taureau	4,5 et 7,0	63″
Nu Dragon	5,0 et 5,0	62″
Nu Scorpion	4,3 et 6,8	41″
Albiréo du Cygne	3,2 et 5,3	34″
Psi Dragon	4,9 et 6,1	30″

Les plus belles étoiles doubles colorées observables dans un petit instrument

Nom	Écartement en secondes d'arc	Magnitudes et colorations
Bêta Cygne (Albiréo)	34″	3,2 jaune – 5,3 bleue
Êta Persée	28″	3,9 orangée – 8,7 bleue
Alpha Chiens de chasse	20″	2,9 jaune – 5,5 violacée
Êta Cassiopée	12″	3,7 jaune – 7,5 rouge
Gamma Dauphin	10″	4,5 jaune – 5,4 verte
Gamma Andromède	10″	2,3 orange – 5,1 verte
Gamma Bélier	8″	4,7 jaune – 4,8 jaune
Gamma Vierge	5″	3,6 jaune – 3,7 jaune
Alpha Hercule	5″	3 à 4 orange – 5,7 verte
Gamma Lion	4,3″	2,6 orange – 3,8 orange
Delta Serpent	4″	4,2 bleue – 5,3 bleue
Epsilon Bouvier	2,8″	2,7 jaune – 5,3 verte

Quelques étoiles variables faciles à suivre

	Magnitude max.	Magnitude min.	Période (en jours)
Binaires à éclipses			
Bêta Persée (Algol)	2,2	3,5	2,87
Lambda Taureau	3,3	4,2	3,95
Bêta Lyre	3,4	4,3	12,91
Omicron Andromède	3,6	4,5	1,60
Delta Balance	4,8	5,9	2,33
Céphéides (pulsantes)			
Delta Céphée	3,7	4,6	5,37
Dzêta Gémeaux	3,7	4,3	10,15
Êta Aigle	3,7	4,4	7,18
Variables à longues périodes			
Mira Ceti (omicron Baleine)	2	10	332
Alpha Hercule	3	4	100
Êta Gémeaux	3,1	3,9	120
R Lion	5,4	10,5	313

deux étoiles semblent se toucher mais elles s'écartent en apparence l'une de l'autre à mesure que le grossissement augmente. Même dédoublées, elles paraissent encore se toucher malgré les milliards de kilomètres qui les séparent. Chacune se présente sous l'aspect d'un faux disque produit par la diffraction et l'irradiation de la lumière. Pour séparer les composantes d'une étoile double, il suffit que les deux faux disques soient juste séparés. La visibilité séparée de deux astres conjugués est plutôt fonction des qualités optiques de l'instrument que du grossissement de l'oculaire. Avec un mauvais miroir, par exemple, inutile d'essayer les dédoublements délicats : les faux disques ne se sépareront jamais et demeureront noyés dans une brume aux aigrettes tremblotantes… Notons aussi que le disque de diffraction est d'autant plus petit que l'objectif est plus grand et plus parfait.

Ne vous fiez pas trop aux performances théoriques annoncées dans la notice de votre appareil, multipliez par deux et même par trois les écartements minimaux indiqués. Conditions nécessaires pour un dédoublement : étoiles pas trop différentes d'éclat, calme atmosphérique et astres assez élevés au-dessus de l'horizon. Pour un télescope de 115/900, par exemple, le dédoublement jusqu'à une seconde d'arc représente plus un espoir qu'une réalité pratique.

Vous aurez intérêt à utiliser le meilleur oculaire correspondant au grossissement moyen applicable à l'objectif, soit une fois par millimètre d'ouverture instrumentale. Forcez un peu l'amplifica-

tion si le couple est serré et si les conditions atmosphériques sont favorables. Si l'étoile principale est très brillante et son compagnon trop faible, celui-ci restera pourtant éclipsé et invisible dans un petit instrument.

Voulez-vous découvrir une étoile double ? Pointez une petite lunette vers bêta du Cygne, et vous pourrez admirer un joyau céleste : une étoile jaune accompagnée d'une autre, bleutée, huit fois moins brillante. Essayez ensuite delta Céphée, encore plus facile à dédoubler (41″) : son compagnon est bleuté. Gamma Andromède vous offrira un couple extraordinaire dont les soleils vous sembleront l'un jaune et l'autre bleu. Autre exemple : gamma Vierge (deux étoiles de même éclat distantes de 5″, dont les composantes tournent autour de leur centre de gravité commun en cent quatre-vingt-quatorze ans).

Mieux encore : visez thêta Orion, et vous découvrirez en même temps la fa-

La Voie lactée, notre galaxie, est visible de « chez nous » comme un pâle ruban laiteux. La région du Sagittaire est la plus impressionnante à observer et à photographier.

Un peu de vocabulaire

Amas ouvert : concentration locale d'étoiles (exemple, les Pléiades : six étoiles à l'œil nu, une trentaine aux jumelles).

Amas globulaire : concentration stellaire sphérique et serrée vers le centre, hors du plan de la Galaxie (exemple : l'amas d'Hercule, 100 000 étoiles).

Nébuleuse diffuse : nuage de gaz et de poussière émettant de la lumière sous le rayonnement d'étoiles très chaudes à proximité (exemple : la nébuleuse d'Orion).

Nébuleuse obscure : nuage de gaz et de poussière masquant les étoiles situées derrière elle (exemple : la Tête de cheval).

Nébuleuse planétaire : enveloppe gazeuse sphérique expulsée par une étoile ayant explosé (exemple : la nébuleuse Dumb-bell).

Galaxie : agglomération de milliards d'étoiles à des millions d'années-lumière (exemple : la galaxie d'Andromède).

meuse nébuleuse gazeuse. Tout près, vous remarquerez trois étoiles dont la première (de magnitude 5,5) est presque aussi brillante que thêta-un : c'est thêta-deux, à 135″ d'écartement. Le nombre d'étoiles observées dans le champ augmente avec la puissance de l'instrument. La nébuleuse M 42 enveloppe ce groupe d'une douce lumière fluorescente. Ensemble très spectaculaire dans un télescope équipé de son plus faible oculaire.

Sept étoiles sur dix sont multiples. Parmi ces sept étoiles, cinq sont doubles et deux sont triples ou quadruples. Plus de 70 000 étoiles multiples ont été mesurées, mais très peu d'orbites ont été calculées.

Dans une binaire physique, les deux composantes tournent autour de leur centre de gravité commun selon les lois de Kepler. Les périodes de révolution varient entre quelques jours et plusieurs millénaires.

Beaucoup d'étoiles multiples ne peuvent être séparées dans les plus grands télescopes, mais la spectroscopie fournit un moyen de les détecter : les raies de leur spectre se dédoublent périodiquement, révélant ainsi la présence de deux soleils jumeaux.

D'autres couples sont des binaires à éclipses dont la courbe de lumière traduit l'occultation de l'une des composantes par l'autre. Ces binaires sont variables et

Quelques amas ouverts

Nom	Constellation	Repérage	Diamètre moyen	Magnitude
Les Hyades	Taureau	Près d'Aldébaran	6°	–
M 45	Taureau	Au nord-ouest d'Aldébaran	2°	1,4
M 44	Cancer	Près de gamma Cancer	90′	3,7
NGC 869 et 884	Persée	Entre gamma Persée et delta Cassiopée	25′ et 20′	4,4 et 4,7
M 41	Grand Chien	À 4° au sud de Sirius	20′	6,2
M 35	Gémeaux	Entre êta Gémeaux et thêta Cocher	30′	5,3

Remarques
Les Hyades : œil nu et jumelles. M 45 : les Pléiades : jumelles et petit instrument.
M 44 : la Crèche : jumelles et petit instrument.
NGC 869 et 884 : double amas : deux taches laiteuses.
M 41 : jumelles et petit instrument. M 35 : jumelles et petit instrument.

La région stellaire du Cygne recèle quelques belles curiosités. Photo réalisée avec un objectif de 50 mm Nikon et l'équatorial-planchette. Une pose trop longue de 11 minutes et un film ultrarapide de 1 600 ISO ont provoqué la montée du fond du ciel. Dommage…

nous en parlons plus loin. Signalons enfin les étoiles doubles astrométriques, repérées parce que leur déplacement sur le ciel s'effectue selon une sinusoïde. Exemples : les compagnons de Sirius et de Procyon, naines blanches très massives qui perturbent la translation de l'étoile principale.

Doubles spectroscopiques et doubles astrométriques sont inaccessibles aux moyens des amateurs, mais beaucoup de couples spectaculaires, dont certains en révolution lente, sont à la portée des petits instruments. La chasse aux étoiles doubles, au cours d'une « veillée aux étoiles », constitue un test visuel et instrumental intéressant. Pour rendre la soirée plus attrayante, vous classerez les couples selon leur écartement et leur hauteur au-dessus de l'horizon à l'instant considéré. (Consultez une carte céleste mobile.) Terminez en beauté par quelques binaires colorées.

Dans *À l'affût des étoiles* (Pierre Bourge et Jean Lacroux, éd. Dunod), vous trouverez, au chapitre 32, un catalogue de

Les plus beaux amas globulaires

Nom	Constellation	Repérage	Diamètre moyen	Magnitude
M 2	Verseau	À 5° au nord de bêta Verseau	8′	6,3
M 4	Scorpion	Près d'Antarès	14′	6,4
M 5	Serpent	Forme un triangle équilatéral avec epsilon et mu Serpent	5′	6,2
M 13	Hercule	Au tiers de la distance entre êta et dzêta Hercule	5′	5,7
M 22	Sagittaire	À 3° à l'ouest de lambda Sagittaire	17′	5,9
M 92	Hercule	Entre pi Hercule et bêta Dragon	8′	6,1

Remarques
M 2 : près de l'équateur céleste. M 5 : disque flou visible aux jumelles. M 13 : belle nébulosité ronde. M 22 : visible aux jumelles. M 92 : facile aux jumelles.

Photographiée à l'aide d'un simple 24 x 36 muni de son objectif de 50 mm, la région du Sagittaire a été saisie ici sur du film de 400 ISO avec une pose de seulement 7 minutes !

quatre-vingts couples facilement observables (jusqu'à 2″ d'écartement).

Vous en verrez de toutes les couleurs

Certaines étoiles doubles sont belles parce qu'elles sont colorées. Les contrastes observés ne correspondent pas toujours à la réalité et certains résultent d'illusions d'optique, mais ces couples aux teintes souvent complémentaires sont agréables à regarder (par exemple gamma Andromède). Essayez sur chacun le jeu complet de vos oculaires. Illusion ou réalité, ces couples sont toujours un spectacle pour le touriste du ciel.

Surveillez les étoiles variables

La brillance de certaines étoiles varie au cours du temps et vous pouvez vous en rendre compte en les observant régulièrement. Il suffit de les comparer à des étoiles voisines servant de références. Plu-

Lorsque vous serez familiarisé avec la photo stellaire, laissez-vous tenter par la technique du «sandwich» : un avant-plan terrestre se découpe sur fond de paysage stellaire. Ce sandwich a été réalisé à partir de deux scans de diapos superposés au moyen du logiciel Photoshop.

sieurs causes expliquent ces variations :

• l'étoile est une double serrée dont l'une des composantes éclipse l'autre parce que le plan de leur orbite passe à peu près par la Terre. Exemple : Algol, qui, pendant 2 j 13 h, garde la magnitude 2 puis faiblit peu à peu et, en 2 h 30, passe à la magnitude 3,5 puis revient à son éclat normal ;
• l'étoile se dilate et se contracte alternativement. Le type est delta Céphée, qui oscille en 5,37 jours entre les magnitudes 3,7 et 4,6 ;
• l'étoile présente des variations assez irrégulières d'origine éruptive, par exemple l'étoile R de la couronne boréale, aux sautes imprévisibles.

On connaît plus de 20 000 variables et leur surveillance est un des domaines où les amateurs peuvent être utiles. Si vous vous sentez la vocation de variabiliste, il faut travailler en groupe avec une association spécialisée indiquant des programmes concernant des zones célestes à surveiller.

Les clichés de champs stellaires contenant une ou plusieurs variables permettent la comparaison de leur éclat à des dates éloignées et l'établissement de leur courbe de lumière.

Explorez et photographiez la Voie lactée

Tout le monde connaît la Voie lactée, cette traînée blanchâtre, floue et irrégulière que l'on peut admirer de n'importe quel point de la Terre puisqu'elle fait le tour du ciel. Il s'agit tout simplement de notre Galaxie vue de l'intérieur par la tranche, composée de milliards d'étoiles.

Découvrez-la par une belle nuit sans Lune, en septembre vers minuit. Elle dessine alors une bande laiteuse diffuse aux contours incertains et passe près du zénith. Braquez sur elle des jumelles 7 x 50, dans les régions blanchâtres du Cygne, de l'Aigle ou du Sagittaire. Mettez bien au point afin de distinguer chaque étoile comme une piqûre d'aiguille. Laissez vos yeux s'adapter lentement et, bientôt, vous apercevrez le champ de vos jumelles ponctué d'une poussière de diamants célestes dont chaque grain est un soleil !

La Voie lactée comprend plus de 100 milliards d'étoiles, son diamètre mesure 85 000 années-lumière et l'épaisseur de sa condensation centrale est de 16 000 années-lumière. En certains points, les étoiles forment de véritables nuages stellaires, notamment dans la constellation du Sagittaire, où se trouve le centre galactique.

Certaines régions de la Voie lactée permettent des clichés très spectaculaires (Sagittaire, Écu), à condition d'opérer par nuit pure et sombre. De tels clichés sont donc impossibles à obtenir en France entre le 20 mai et le 20 juillet. Ils sont réalisables avec un objectif grand-angulaire (80° au moins) ouvert à f/4 ou 5, sur un équatorial-planchette ou avec un appareil fixé en parallèle sur un équatorial entraîné, selon la technique du « piggyback » que nous expliquerons au chapitre suivant ; pose de l'ordre de 15 minutes, surface sensible très rapide (film de 800 à 1 600 ISO ou TP 2415 hypersensibilisé). Les condensations stellaires seront alors traduites par des taches d'intensité et de dimensions diverses.

Les profondeurs de l'abîme

Le ciel est un abîme et certains objets faibles et diffus sont au seuil de l'invisible. Pourtant, des techniques photographiques comme le « piggy-back » permettent de saisir quelques-uns de ces objets fascinants situés à des millions d'années-lumière.

Un voyage dans le temps

Les objets du ciel profond sont des merveilles presque insaisissables, à la limite du perceptible. De quoi s'agit-il ?

Vous savez que la plus proche étoile se trouve à moins de 5 années-lumière. Eh bien, les objets du ciel profond sont 10 000 fois, 100 000 fois, 1 million de fois plus loin encore... Vous l'avez deviné : ce ne sont pas des étoiles mais des amas d'étoiles, des nébulosités, des galaxies ressemblant à la nôtre. Ils se présentent comme des objets diffus au diamètre mesurable et leur éclat est très faible. Des noms viennent aussitôt sur les lèvres : la nébuleuse d'Orion, la galaxie d'Andromède, la Trifide du Sagittaire, l'amas d'Hercule. Des centaines de ces objets sont accessibles à un modeste télescope, mais seule la photographie peut révéler l'incroyable féerie de la double spirale des Chiens de chasse.

Un astrophysicien disait : « Regarder loin, c'est regarder tôt... » Plus vous observez loin, plus vous voyez vers le passé. Quand vous admirez la galaxie d'Andromède, vous la découvrez telle qu'elle était il y a plus de deux millions d'années, quand la lumière l'a quittée. Chaque télescope est ainsi une machine

La galaxie d'Andromède (M 31) est une réplique de la nôtre. Cliché pris en piggy-back, avec un boîtier Nikon FE muni d'un téléobjectif de 300 mm.

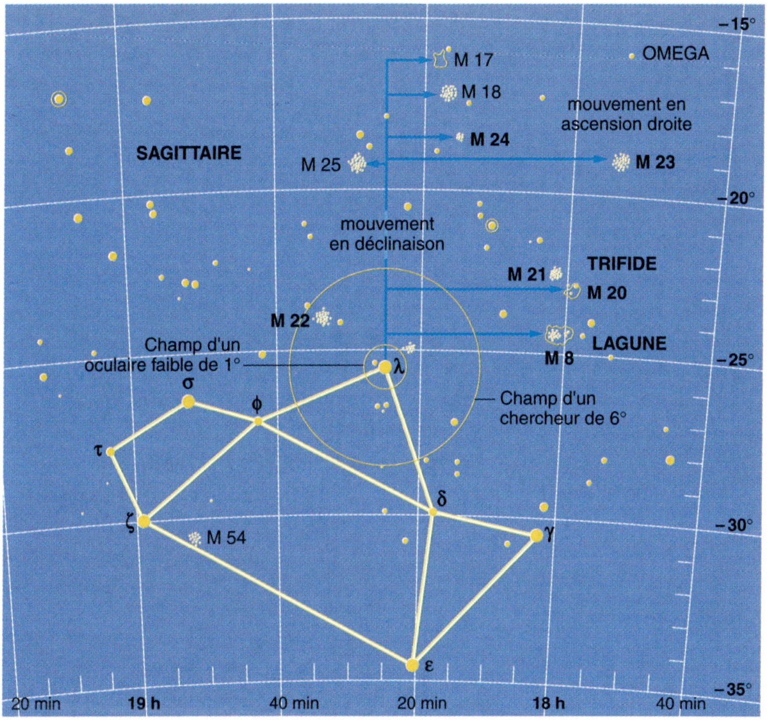

Le Sagittaire est très riche en objets intéressants : M 8 (la nébuleuse du Lagon), M 20 (la Trifide), M 22 (amas globulaire), M 21 et 23 (amas ouverts), M 24 (nuage lumineux), l'une des plus fortes condensations de la Voie lactée. En partant de lambda, effectuez un mouvement en déclinaison puis en ascension droite pour trouver les divers objets.

à remonter le temps, grâce aux ondes lumineuses qui ne franchissent que 300 000 km en une seconde…

Pas comme dans les livres !

Quand vous cherchez une lointaine nébulosité, la première idée qui vient à l'esprit est de la localiser sur une carte détaillée, une carte de champ, par rapport aux trois ou quatre étoiles brillantes de son environnement. Vous imaginez alors un cheminement d'une étoile à l'autre vers l'objet à trouver : c'est la méthode des variabilistes, qui cernent ainsi l'objet qu'ils surveillent. Quand c'est possible, étudiez le champ aux jumelles 7 x 50 ou avec le chercheur de votre instrument (qui renverse l'image des objets).

Une autre méthode consiste à pointer votre télescope vers l'objet en affichant ses coordonnées. Tout ira bien si la mise en station est correcte et si le cercle d'ascension droite est bien initialisé. Si le chercheur est bien réglé, l'objet se trouvera à l'intérieur du champ et vous rejoindrez la méthode précédente. Voilà bien des « si », donc beaucoup d'incertitudes…

Qu'apercevez-vous alors ? Après avoir amené l'objet à la croisée du réticule du chercheur, vous devinez dans votre oculaire faible une très pâle tache informe flottant parmi les étoiles. Insistez, regardez un peu à côté… De vagues détails se devinent plus qu'ils ne se voient. Découvrir ainsi M 51 vous apportera un frisson de plaisir mais, tout de même, ce n'est pas comme dans les livres ! Votre œil ne fonctionne pas comme un objectif photo braqué sur de faibles lueurs. Il n'accumule pas les photos pendant de longues minutes pour faire surgir quelques luminescences dans le noir de l'espace. Pourtant, en travaillant votre technique, vous découvrirez peu à peu une surprenante richesse de détails dans certains objets nébuleux.

Vous constatez alors que votre télescope ne fonctionne pas de la même façon sur le ciel profond que sur la Lune et les planètes. Il amplifie les détails sur ces objets voisins alors qu'il collecte de la lumière sur les cibles galactiques. Que faut-il pour obtenir le plus de lumière pos-

La galaxie d'Andromède (M 31) est l'objet le plus lointain qu'on puisse apercevoir à l'œil nu. M 33, une autre galaxie voisine, est difficile à distinguer aux jumelles. Le double amas de Persée se trouve entre delta Cassiopée et bêta Persée.

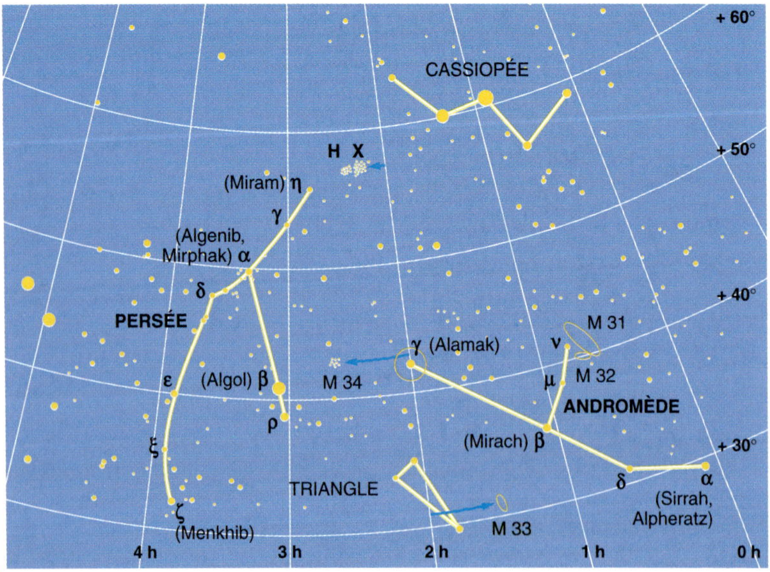

Performances de l'œil nu et des instruments observant le ciel profond

	Magnitude apparente limite	Pouvoir séparateur	Nombre d'étoiles (deux hémisphères)	Galaxies visibles ou photographiables
Œil nu (site exceptionnel en montagne)	5,5 à 6	jusqu'à 1′	6 000 à 7 000	3 ou 4
Jumelles (50 à 80 mm)	10 à 11	jusqu'à 20″	100 000	Plusieurs centaines
Lunettes et télescopes d'amateur (100 à 250 mm)	12 à 14	jusqu'à 1″	Plusieurs millions	Plusieurs milliers
Grands télescopes d'observatoire (2 à 6 m)	22 à 25	jusqu'à 0,1″	Plusieurs dizaines de milliards	Plusieurs milliards

sible ? Deux choses : un large diamètre et une ouverture relative la plus grande possible (comprise entre f/6 et f/10). C'est ainsi qu'une lunette ouverte à F/12 convient fort bien pour la Lune et les planètes mais, en revanche, son rendement est moins satisfaisant sur les objets pâles et diffus. Ce n'est pas parce que ceux-ci sont petits, mais c'est parce que leur brillance par unité de surface est très réduite. Leur observation visuelle et la prise de clichés demandent en conséquence des techniques différentes.

Ciel sombre et atmosphère transparente sont ici plus importants que la taille du télescope. Un petit instrument en haute montagne vous montrera des galaxies et sera plus performant qu'un gros télescope en ville.

Une vieille astuce : regardez à côté !

Il vous arrivera certainement de fouiller visuellement le champ de votre oculaire sans trouver l'objet nébuleux que vous devriez apercevoir près du centre… si votre chercheur était bien réglé. Un amateur chevronné vous dira qu'il faut chercher tout autour…, c'est-à-dire à côté de l'objet. Pourquoi ?

Quand vous regardez bien en face un objet quelconque, son image se forme au centre de la rétine, sur la fovéa. Cette zone est équipée de récepteurs de lumière intense et fournit la meilleure résolution sous de fortes illuminations. Malheureusement, la fovéa est presque aveugle en lumière faible. Pour voir un objet diffus, son image doit se former hors de la fovéa. Vous pratiquerez donc la vision décalée en regardant un point imaginaire, un peu à côté de l'objet que vous désirez observer. C'est ainsi que vous détecterez les compagnons très faibles de certaines étoiles doubles, ou de pâles nébulosités.

Un conseil encore : faites une mise au point préalable sur une étoile brillante mais jamais sur la nébulosité aux contours incertains que vous tenez dans le champ.

Vous avez dit « piggy-back » ?

Le terme « piggy-back » vient des États-Unis et pourrait se traduire par : « à dos de cochon »... Ici, le « cochon », c'est le tube du télescope. En fait, il s'agit de fixer votre appareil photo, muni d'un objectif, sur le dos de votre instrument, parallèlement au tube optique, et de prendre des clichés comme vous le faisiez avec votre équatorial-planchette (chapitre « Comment construire un équatorial-planchette »). Mais à présent, vous disposez d'un atout supplémentaire : votre instrument va désormais vous permettre le contrôle précis du suivi pendant la pose et l'exécution d'éventuels rattrapages. Cette opération s'appelle le « guidage ».

Pour ce type de photo, vous aurez besoin de deux accessoires.

1. Un collier-platine ou support parallèle (chaque constructeur propose un système pour chaque cas) permettra de fixer solidement votre appareil sur le tube ou à la tige de contrepoids d'une monture allemande.
2. Un oculaire réticulé et éclairé sera placé dans le tube porte-oculaire de votre instrument.

Comment fixer un appareil sur un instrument à l'aide d'un collier-platine pour utiliser la technique du piggy-back.

Quel est l'intérêt du piggy-backing ? Plusieurs avantages :

• la prise de clichés du ciel profond avec des focales très diverses, de l'ultra-grand-angle au gros téléobjectif pouvant présenter d'assez grandes ouvertures ;
• la précision du guidage due à la longue focale du tube principal de l'instrument.

Exemple : vous disposez d'une lunette équatoriale de 1 200 mm de focale, munie d'un oculaire réticulé de 12 mm. Le grossissement obtenu est donc de : 1 200 : 12 = 100 fois. Si votre appareil est équipé d'un objectif standard de 50 mm, vous pourrez corriger des écarts

La nébuleuse d'Orion est un nuage de gaz luminescents « excités » par le rayonnement ultraviolet des étoiles voisines. Elle est ici photographiée au foyer d'un télescope de Newton de 200 mm.

de suivi avec une précision 100 fois plus grande que ceux que vous détecteriez à l'œil nu. Autrement dit : une petite dérive corrigée à temps sera 100 fois plus petite sur le négatif, donc invisible, et n'y laissera pas de trace.

Mais comment s'y prendre pour réaliser un bon guidage ?

Suivez l'étoile

Après avoir choisi votre cible photographique, vous devrez trouver dans son voisinage une étoile assez brillante qui vous servira de guide.

Placez l'image de cette étoile au centre du réticule de votre oculaire de guidage, et enclenchez le moteur d'entraînement. Vous devrez impérativement conserver l'étoile au centre du réticule et rattraper sa dérive avec votre raquette de commande dès que l'étoile guide semblera quitter la croisée des fils. Cette surveillance active durera tout au long de la pose photographique. Pour rendre ce guidage plus confortable, observez les conseils suivants :

• Faites une excellente mise en station préalable ;

• Si possible, préréglez la vitesse sidérale correctement pour que l'étoile guide demeure à la croisée du réticule ;

La nébuleuse North America est un faible nuage de gaz et de poussière situé près de Deneb dans le Cygne ; elle est photographiée ici en piggy-back.

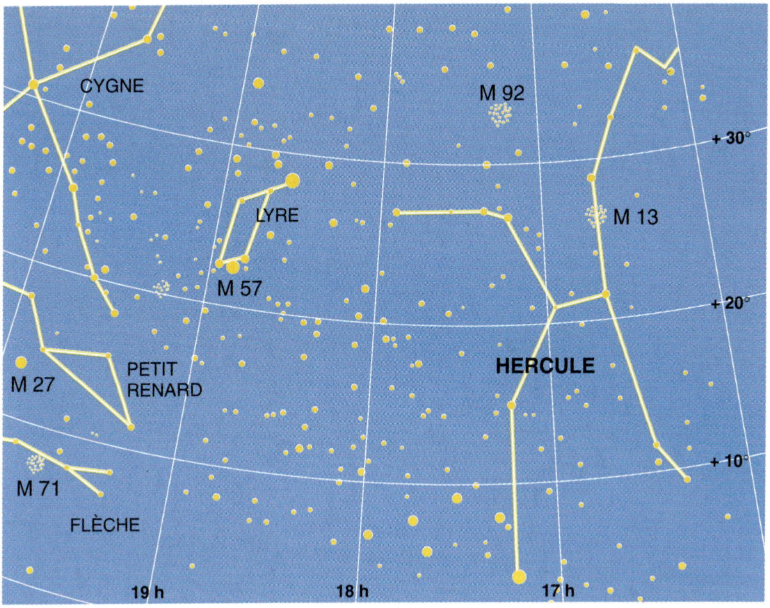

Dans Hercule, les deux amas M 13 et M 92 sont tout juste visibles à l'œil nu. M 57, la nébuleuse annulaire de la Lyre, est un objet difficile. M 27, difficile aussi, est la nébuleuse Dumb-bell, dans le Petit Renard.

• Effectuez vos rappels en douceur, surtout si vous n'avez pas de moteur en déclinaison ; sinon, agissez sur la commande manuelle de déclinaison.

En bref :

Peut-on guider manuellement ?

Oui, vous pouvez prendre des photos avec un équatorial non motorisé, mais le guidage sera plus délicat (et votre mérite d'autant plus grand…).

Quels films utiliser ?

Comme avec un équatorial-planchette, les films rapides sont préférables pour réduire les temps de pose. Par exemple : un film TP 2415 Kodak ou une pellicule de 800 à 1 600 ISO. Évitez les films granuleux.

Quels temps de pose ?

Avec un objectif de 50 mm à f/1,8 et l'un des films précédents, exposez entre 5 et 50 minutes. Faites des essais en progression pour connaître le temps de pose au-delà duquel la luminosité du fond du ciel commence à voiler le film. Avec une sensibilité de 400 à 800 ISO, posez à partir de 15 minutes et ne dépassez pas 30 minutes. Souvenez-vous toujours que les films lents (à grain fin) exigent des expositions beaucoup plus longues.

La technique du piggy-back est un moyen assez facile et peu coûteux pour démarrer dans le domaine de l'astrophoto stellaire. Trois conditions pour

Les plus belles nébuleuses diffuses

Numéro	Nom	Constellation	Repérage	Magnitude
M 8	La Lagune	Sagittaire	À 5° à l'ouest de lambda Sagittaire	5,9
M 17	Oméga ou Fer à cheval	Sagittaire	À 5° au nord-est de mu Sagittaire	7,7
M 20	Trifide	Sagittaire	À 2° au sud-ouest de mu Sagittaire	7,5
M 42	La grande nébuleuse	Orion	Autour de thêta Orion	5
NGC 6960	Les Dentelles	Cygne	Près de epsilon Cygne	5
NGC 7000	North America	Cygne	À 3° à l'est de Deneb	5

Abréviations : M : catalogue de Messier (1784).
NGC : New General Catalogue de Dreyer (1888).

Remarques. M 8 : juste visible à l'œil nu. M 17 : difficile. M 20 : difficile. M 42 : draperie lumineuse en aile d'oiseau. NGC 6960 : difficile. NGC 7000 : jumelles par nuit très sombre.

Les plus belles nébuleuses planétaires

Numéro	Nom	Constellation	Repérage	Magnitude
M 1	Nébuleuse du Crabe	Taureau	À 1° au nord-ouest de dzêta Taureau	8,4
M 27	Dumb-bell ou Haltère	Petit Renard	Entre bêta Cygne et le Dauphin	7,6
M 57	Annulaire de la Lyre	Lyre	Entre bêta et gamma Lyre	9,3
NGC 7293	Hélix	Verseau	À 7° au sud-ouest de delta Verseau	6,5

Remarques. M 1 : difficile ; restes de l'explosion de 1054. M 27 : difficile aux jumelles. M 57 : difficile. NGC 7293 : peu contrastée.

réussir : un peu de patience pour réaliser une bonne mise en station, beaucoup d'entraînement et surtout un ciel bien noir, sans clair de lune ni lumière parasite.

Après avoir réussi quelques beaux « coups de filet », vous pourrez vous attaquer à la photo stellaire au foyer. Mais il s'agit d'une tout autre histoire…

Devenez chasseurs de comètes

Les belles comètes visibles à l'œil nu sont rares, mais presque toutes sont photographiables avec la technique du piggy-back, bien qu'elles appartiennent au système solaire. Cas particulier cependant : elles possèdent un mouvement propre par rapport aux étoiles voisines considérées comme fixes. Il existe deux solutions pour le guidage :

- Guider sur une étoile proche de la tête cométaire. Inconvénient : la tête sera floue si la pose est longue.
- Guider sur la tête. Technique difficile car la tête est un objet diffus et les étoiles laisseront des traînées trahissant la correction plus ou moins régulière.

En bref :

- **Quels objectifs utiliser ?** Les téléobjectifs de 135 à 500 mm conviennent, selon la dimension angulaire de la queue.
- **Quels films ?** Essayez un film rapide, noir et blanc ou couleur, de 400 à 1 600 ISO.
- **Quels temps de pose ?** Entre 4 et 30 minutes.

Les galaxies les plus brillantes

Numéro	Constellation	Repérage	Magnitude
M 31	Andromède	Dans le prolongement de la ligne bêta-mu Andromède	3,8
M 33	Triangle	Près de alpha Triangle	5,7
M 51	Chiens de chasse	À 3° au sud-ouest de êta Grande Ourse	8,1
M 81	Grande Ourse	Dans le prolongement de gamma-alpha Grande Ourse	7,9
M 104	Vierge	À 10° à l'ouest de l'Épi	8,7

Remarques. M 31 : galaxie spirale à 2 millions d'années-lumière. Aux jumelles : tache ovale. Compagnon : M 32. M 33 : très difficile à l'œil nu. M 51 : spirale difficile à trouver. M 81 : galaxie spirale. M 104 : spirale dite « Sombrero ».

La comète Hale-Bopp, saisie grâce à la poursuite en piggy-back sur une lunette de 60 mm qui servait de lunette guide. Pose de 6 minutes avec un boîtier Nikon FE muni d'un objectif de 105 mm. Film de 800 ISO.

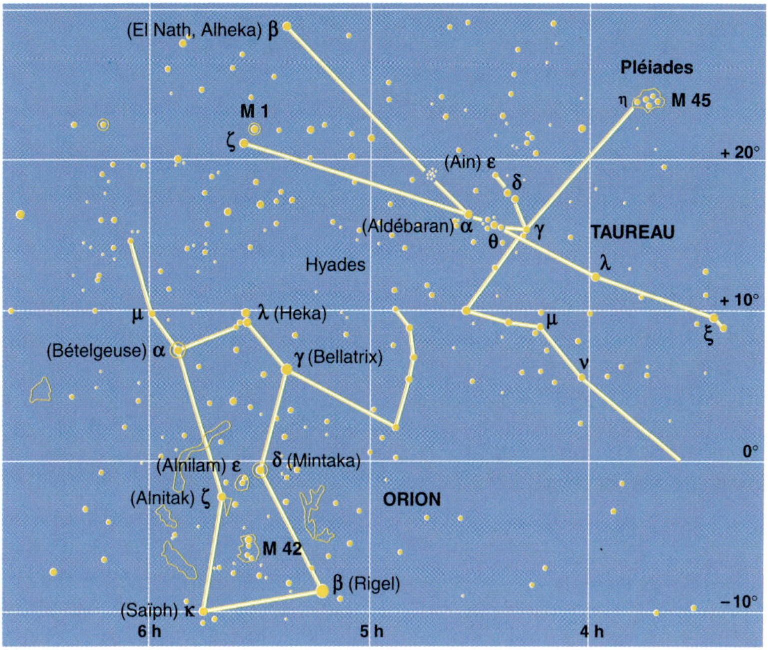

La région d'Orion est l'une des plus intéressantes du ciel avec M 42, la grande nébuleuse diffuse, magnifique dans des jumelles. Dans le Taureau, M 1, la nébuleuse du Crabe, et M 45, l'amas des Pléiades, bien visible à l'œil nu et splendide dans un petit instrument.

Pour localiser les comètes de passage, consultez les éphémérides des revues astronomiques et repérez-les d'abord aux jumelles 7 x 50 avec une carte allant jusqu'à la 7e magnitude.

Plongez dans le ciel profond

Une bonne centaine d'objets nébuleux sont accessibles avec de petits instruments, mais, peu lumineux, ils sont difficiles à trouver. Les objets cités dans les tableaux précédents sont positionnés sur les cartes célestes destinées aux amateurs, mais ils n'apparaissent bien que sur des clichés à longue pose pris avec un excellent guidage équatorial.

Le domaine des « pros » : le ciel profond

La photographie du « ciel profond » au foyer d'un télescope est considérée comme l'étape ultime chez les amateurs chevronnés. Certains emploient les moyens les plus sophistiqués pour tenter de fixer l'image d'une galaxie lointaine, d'autres s'inspirent des techniques employées dans les grands observatoires.

Bien guider votre instrument

Nous avons expliqué déjà comment fixer un appareil directement au foyer de votre instrument pour photographier la Lune. Mais pourriez-vous poser une demi-heure pour enregistrer l'image d'une galaxie ? Non, parce que vous n'auriez aucun moyen de contrôle semblable à ceux proposés dans le cas des prises de vue en piggy-back (voir chapitre précédent). Pour guider votre instrument sur un objet faible et diffus, vous disposez alors de deux possibilités :

1. Fixer parallèlement au tube de votre instrument une lunette appelée lunette-guide qui servira de viseur réticulé. Mais il faut que la longueur focale de l'objectif de cette lunette soit égale ou supérieure à celle de l'instrument principal. La fixation de cette lunette doit être d'une rigidité telle qu'il n'y ait aucun risque de flexion différentielle durant le guidage. Autrement dit : les deux tubes doivent rester rigoureusement parallèles entre eux. Cela est réalisable avec les télescopes ayant une focale inférieure au mètre, mais pose beaucoup de problèmes au-delà.

2. Sur certains types d'instruments, notamment les Schmidt-Cassegrain, il existe un accessoire intéressant, le diviseur optique, qui permet de prélever, à l'aide d'un prisme, une petite partie du faisceau principal de l'instrument, et de diriger ce faisceau dérivé vers un oculaire réticulé. En faisant tourner le diviseur autour de l'axe optique de l'instrument, il faut trouver une étoile-guide à proximité immédiate de l'objet à photographier, ce qui n'est pas toujours facile. Ainsi l'appareil photo et l'oculaire-guide partagent le même faisceau optique.

Doit-on ajouter que la précision du guidage sur l'étoile doit être autrement plus sévère qu'avec la technique du piggy-back ? Consultez le tableau du miniguide Astro quant au grossissement à utiliser.

Le réducteur de focale / correcteur de champ

Pour photographier certains objets du ciel profond comme les nébuleuses diffuses (par exemple celle d'Orion), la lon-

La nébuleuse Trifide (M 20) est un nuage de gaz et de poussières dans la constellation du Sagittaire. Elle semble séparée en trois par des bandes sombres poussiéreuses. Elle est visible comme une tache floue dans un petit télescope. Photo prise à l'observatoire de San Vittore (Italie).

gueur focale des Schmidt-Cassegrain est souvent trop grande. Il existe donc un accessoire qui, à l'inverse des lentilles de Barlow, réduit la focale dans un certain rapport, ramenant ainsi le rapport f/D à une valeur plus « rapide ». Un télescope de 2 000 mm à f/D = 10 devient alors un 1 260 mm à f/D = 6,3, ce qui permet de diviser par 2,2 le temps de pose sur l'objet en question. Cet accessoire s'appelle un réducteur de focale/correcteur de champ et il se fixe en avant du diviseur optique. Faites attention toutefois, car, contrairement aux lentilles de Barlow adaptables à tout instrument de même diamètre d'oculaire, les réducteurs de focale/correcteurs de champ sont exclusivement conçus pour fonctionner sur un modèle bien déterminé d'instrument.

On utilise généralement cet accessoire sur les Schmidt-Cassegrain ou les lunettes Fluorite. Les Newton en sont dépourvus, probablement à cause de leur f/D suffisamment rapide pour qu'on puisse se passer de cet accessoire.

En conclusion :

• Avec un télescope de Newton (f/D = 6 ou 7), utilisez une lunette-guide de même focale.

• Avec un Schmidt-Cassegrain (f/D = 10), employez un diviseur optique et éventuellement un réducteur de focale.

• Avec une lunette Fluorite, utilisez une lunette-guide et un réducteur de focale prévus pour elle.

La fameuse « Tête de Cheval » située dans la constellation d'Orion est un nuage de poussières se découpant sur un arrière-plan faiblement luminescent. Cet objet est invisible, même dans des instruments puissants. Par contre, il est assez facilement photographiable. Photo prise à l'observatoire de San Vittore (Italie).

• Avec une lunette classique (f/D > 10), vous ne ferez pas de photo stellaire. Seule la technique du piggy-back vous est accessible en vous procurant le support adéquat (un collier-platine).

... Si vous n'avez que vos yeux, regardez le « ciel profond » aux jumelles.

Quand Schwarzschild s'en mêle...

En astrophotographie, choisir LE bon film a toujours été affaire de compromis. Si vous recherchez une certaine finesse, vous devez vous orienter vers un film à sensibilité plus lente. Contraste, grain fin et haute sensibilité n'ont jamais fait bon ménage. Autrement dit : plus on augmente la sensibilité, plus la granulation est importante. Inversement, plus vous recherchez la finesse et le contraste, plus cette sensibilité décroît. Cependant, si vous ne souhaitez pas faire de forts agrandissements de vos tirages, les films récents jusqu'à 800 ISO vous permettront d'atteindre une bonne définition.

En photographie du ciel profond, un autre obstacle s'en mêle : la diminution progressive de la sensibilité de l'émulsion avec la pose. En utilisation courante, un film de 400 ISO ne possède réellement cette sensibilité que pour des temps de pose assez courts. Après quelques dizaines de secondes d'exposition, cette sensibilité décroît dans une proportion non négligeable. Cet effet a été mis en évidence par le physicien Schwarzschild et on l'appelle plus simplement « effet de réciprocité ». Pour tenter d'y apporter un remède, plusieurs solutions ont été imaginées.

Hypersensibilisation

Hypersensibiliser un film déjà très sensible… Une des premières solutions pour remédier à l'écart à la loi de réciprocité des films est venue… du froid ! En réfrigérant la surface sensible d'un film jusqu'à – 70 °C, on accroît sa sensibilité en lumière faible. Un appareil spécial, la « cold camera », permettait la prise de clichés grâce à un boîtier contenant de la glace carbonique en contact avec le film. Cette solution a été abandonnée petit à petit, car difficile d'emploi.

Actuellement, le procédé le mieux adapté à la photographie du ciel profond est l'utilisation d'un film auquel on a fait subir un traitement préalable d'hypersensibilisation. Ce traitement consiste à placer le film dans une enceinte contenant de l'hydrazote, mélange de 8 % d'hydrogène et de 92 % d'azote, pendant quelques heures (de quinze à cent heures selon le type de film à traiter) et à une certaine température (de 30 à 50°C). Certains amateurs fabriquent eux-mêmes leur « Cocotte-Minute » à hypersensibiliser. Heureusement, vous pourrez trouver dans le commerce spécialisé des films déjà hypersensibilisés comme les TP 2415 Kodak, Fujichrome 100 hyper, Pro Gold 400 hyper ou Konicacolor 3200 hyper…, mais l'exposition du film doit avoir lieu le plus rapidement possible après ce traitement spécifique.

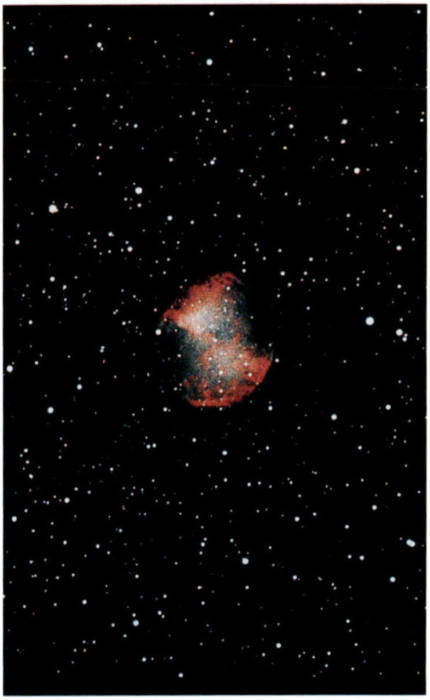

Dumb-Bell (M 27) est le résultat de l'explosion d'une étoile, éjectant une coquille de gaz dans le dernier sursaut de sa vie. Ce type de nébuleuse est qualifiée de « planétaire » en raison de sa forme, rappelant celle des planètes. Photo prise au télescope de 60 cm du pic du Midi.

La qualité des résultats obtenus est donc variable et irrégulière, suivant le temps de stockage. Le TP 2415 ainsi traité conserve néanmoins ses qualités pendant une quinzaine de jours s'il est conservé à + 4 °C au réfrigérateur.

La firme Kodak avait aussi commercialisé des films, corrigés de l'effet de ré-

La comète Iras Araki Alcock, photographiée avec un téléobjectif de 500 mm de focale monté en parallèle sur un télescope. Le guidage a été fait ici sur la tête même de la comète ; les traînées correspondent à la dérive des étoiles pendant la durée de la pose.

ciprocité, particulièrement sensibles en lumière faible. Citons le 103 aO, sensible surtout au bleu, le 103 aE, sensible au rouge, et le 103 aF, sensible à la lumière visible et au rouge. Nous parlons ici de « sensibilité spectrale », car ces films sont particulièrement destinés à une utilisation scientifique. Ils permettent d'obtenir des images en trois fois moins de temps qu'avec un film classique de 400 ISO, mais ils sont assez granuleux. Les amateurs chevronnés leur préfèrent généralement le TP 2415 hypersensibilisé ou les T-Max, à cause de leur plus grande finesse de grain, autorisant une plus haute résolution.

Les filtres « antipollution lumineuse »

Depuis quelques années, l'apparition de filtres antipollution comme les filtres LPR, Deep-Sky ou UHC tente d'apporter une réponse à la question : « Peut-on faire de l'astronomie dans les grandes villes ? ».

Par exemple, le filtre LPR signifiant « *Light Pollution Reject* » (filtre de rejet de la pollution lumineuse) est constitué de différentes couches filtrantes (de 20 à 30) et permet d'éliminer en grande partie les radiations du mercure et du sodium des lampes d'éclairage urbain. Surtout utilisé pour l'observation des objets diffus du

L'amas Oméga du Centaure regroupe peut-être un million d'étoiles. Son diamètre apparent atteint celui de la pleine Lune. Avec celui d'Hercule, ce sont les deux plus beaux amas observables. Télescope Schmidt-Cassegrain de 200 mm.

ciel profond, ce filtre améliore le contraste des images, mais, hélas, il descend de deux magnitudes la limite de votre instrument.

L'œil idéal : le télescope de Schmidt

Historiquement, la chambre photographique de Schmidt, imaginée en 1931, est un des « outils » les plus efficaces de l'astronomie moderne et elle a surpassé bien des instruments traditionnels dans le domaine de la recherche photographique professionnelle. Il s'agit d'un télescope dans lequel il est impossible d'observer… autrement qu'en plaçant un film au foyer. C'est en quelque sorte un instrument à mi-chemin entre le télescope et l'appareil photo. Composé d'un miroir et d'une lame correctrice, comme les télescopes de type Schmidt-Cassegrain, cet appareil offre un rapport f/D fabuleux : 1,5 ! et un champ de 6 à 8° sur le ciel. Photographiquement parlant, il est une quinzaine de fois plus « rapide » qu'un traditionnel Newton ouvert à f/D = 6. D'autre part, il permet d'obtenir une finesse d'image incomparable jusque sur les bords du cliché. Plusieurs firmes commercialisent encore des chambres de

Schmidt pour les amateurs, et cela de façon assez confidentielle (Meade, Lichtenknecker).

Les chambres de Schmidt s'utilisent sur une monture équatoriale équipée d'une lunette-guide, ou se montent en piggy-back comme de simples appareils photo sur un télescope classique qui leur servira de guide.

Revers de la médaille : le prix… qui est à la hauteur des ambitions et la nécessité absolue d'un excellent site, exempt de lumières parasites. Sachez qu'une chambre de Schmidt de 102 mm de diamètre « monte » rapidement à la magnitude 14 et que le plus précieux atlas du ciel, le Palomar Observatory Sky Survey, a été réalisé avec un des plus grands télescopes de Schmidt du monde, celui de 1,20 m du mont Palomar… qui « grimpe » jusqu'à la magnitude 24.

Pour les amateurs comme pour les professionnels, les deux conditions essentielles de la réussite des clichés du ciel profond sont l'altitude du site et son microclimat de turbulence minimale.

L'astronomie au futur

Confortablement installé devant votre écran, vous pianotez sur le clavier du micro-ordinateur qui pilote, à quelques mètres de vous mais dans votre jardin,

Confortablement installé devant votre ordinateur, vous pilotez votre télescope ronronnant à quelques dizaines de mètres dans le jardin. M 51 des Chiens de Chasse se dessine sur votre écran. Cette utopie, moyennant un certain effort financier, est d'ores et déjà réalisable. Mais vous pouvez aussi choisir un site internet qui vous permettra de piloter en direct le télescope du mont Wilson aux USA…

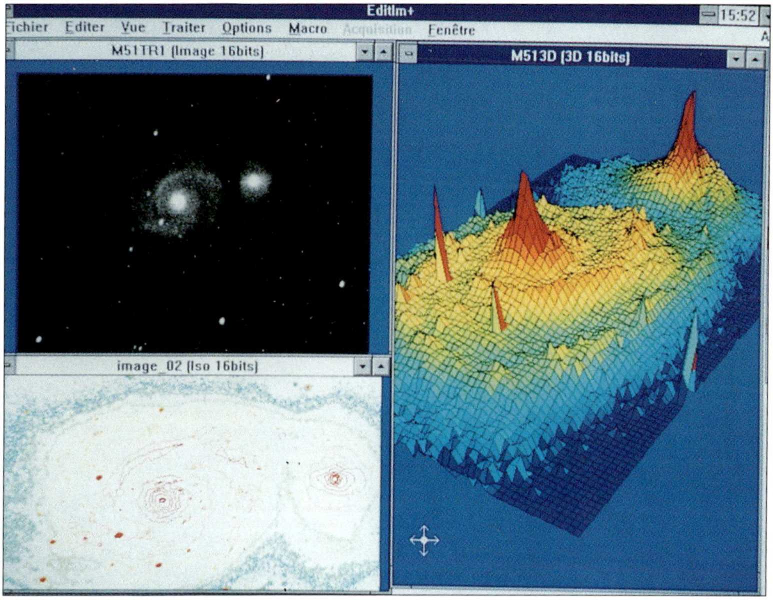

Photo numérique de la galaxie M 51 des Chiens de Chasse prise avec la caméra CCD HI-SIS 22 et traitée sous Editim (plus courbe isotopique en 3D).

votre télescope, équipé d'une caméra CCD (*Charge Coupled Device,* ou détecteur à transfert de charge), dont les moteurs ronronnent dans la nuit. Sur le moniteur vidéo se dessine la galaxie M 51 (celle des Chiens de Chasse), dont l'image vient d'être « numérisée » et traitée par le logiciel. Une manipulation au clavier, et l'écran se pare d'une multitude de couleurs dont chacune révèle la température spectrale d'une région de la galaxie. Vous tapez un ordre et l'image ainsi obtenue est immédiatement enregistrée sur disquette, comme un simple fichier de données bancaires !

L'astronomie au futur, celle d'après l'an 2000, c'est peut-être cela… Eh bien, sachez que de tels prodiges sont réalisables aujourd'hui même. La caméra CCD est largement utilisée dans les observations professionnelles. Le CCD est un composant électronique caractérisé par ses possibilités de détection de la lumière. Couplé à des circuits électroniques, il peut intégrer les photons (particules d'énergie lumineuses) comme le ferait un film photo, mais sans effet de réciprocité dans le temps et avec une sensibilité décuplée. Plus clairement, un télescope de 200 mm de diamètre équipé d'une caméra CCD est à peu près aussi puissant qu'un télescope de 800 mm utilisé avec les meilleurs films hypersensibilisés ! L'usage de cette caméra permettrait

L'amas des Pléiades (M45) de la constellation du Taureau constitue un spectacle unique dans la majorité des instruments (et surtout dans des jumelles). Un télescope de 150 à 200 mm est néanmoins nécessaire pour saisir les nébulosités entourant les « Sept Sœurs ».

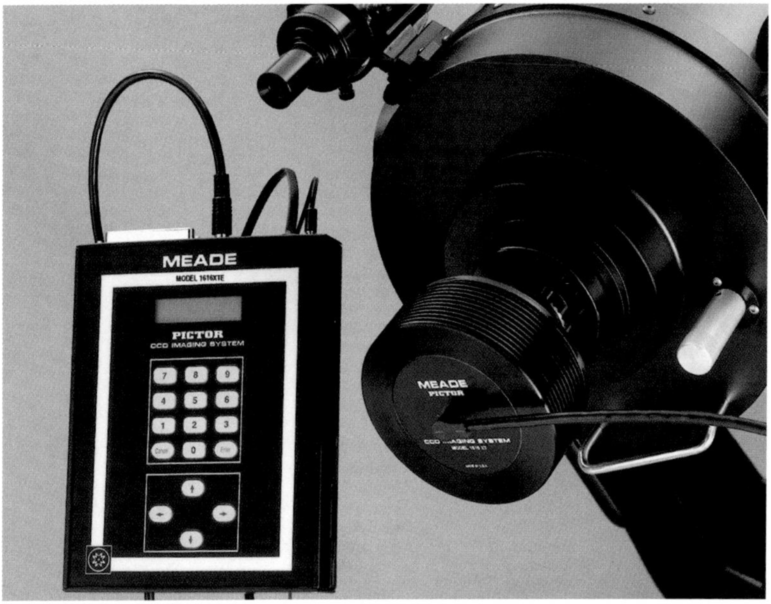

Caméra CCD Pictor 416 XT montée au foyer d'un télescope Schmidt-Cassegrain Meade, avec son boîtier de commande.

donc de multiplier par seize la surface (et donc la puissance de détection) de votre télescope. Ce même instrument de 200 mm ainsi équipé pourrait atteindre la 19e magnitude en seulement dix minutes de pose. De quoi figer le sourire du professionnel le plus flegmatique !

Ceux qui sont férus d'informatique en général et de traitement d'images en particulier s'équipent de plus en plus de ces fameuses caméras CCD. Plusieurs modèles se partagent la faveur des amateurs, tels les HI-SIS, Sbig, SCR et la série des Pictor de chez Meade. Bien qu'elles soient encore assez coûteuses et fragiles, elles permettent, une fois connectées au port série (qui est l'organe d'entrée/sortie de données sur micro-ordinateur) d'un PC ou d'un Macintosh, de se lancer dans la prise de vue numérique. Est-il utile de préciser que ce... sport est avant tout réservé à ceux qui possèdent une bonne maîtrise du PC ou du Macintosh, de bonnes notions d'électronique et une excellente connaissance des logiciels de traitement d'images ? Moyennant cela, certains amateurs entreprenants – et motivés – obtiennent des résultats dignes d'un travail d'observatoire. L'astronomie d'amateur rejoint ainsi un peu plus le clan très réservé des professionnels, tout en perdant peut-être aussi une partie de sa poésie...

LE MINIGUIDE ASTRO

Dans les pages qui suivent, les amateurs d'astronomie trouveront réunis des renseignements divers et des conseils, tableaux, documents numériques, formules utiles pour les aider à mieux observer et photographier les objets célestes.

Conseils et tableaux récapitulatifs

Comment entretenir votre matériel ?

Prenez soin de votre instrument quand vous ne l'utilisez pas : replacez les bouchons et couvrez le tube d'un grand plastique ou rangez-le dans son carton.

Ne nettoyez pas inutilement les parties optiques de votre instrument. Un peu de poussière ne nuit pas au pouvoir séparateur, mais certaines rayures peuvent être catastrophiques. Évitez absolument les traces de doigt sur les lentilles et miroirs.

Les oculaires ont besoin de nettoyages plus fréquents parce que leurs lentilles d'œil, balayées par les cils, deviennent rapidement grasses. Servez-vous de coton-tige très légèrement humectés d'alcool à 90° ou d'Ajax vitres, et prenez garde de ne pas introduire de liquide à l'intérieur de l'oculaire. La lentille frontale (le verre de champ) n'a, en principe, jamais besoin d'être nettoyée. Un coup de « soufflette » est seulement nécessaire de temps en temps.

N'oubliez pas qu'un instrument d'astronomie bien soigné est inusable, sauf si l'on s'en sert mal…

Le marché d'occasion

Les appareils proposés dans les petites annonces des revues spécialisées sont souvent assez récents ; cela pour deux rai-

La toilette de l'objectif

Elle doit être rare (une fois par an, tout au plus).

• Époussetez la surface à nettoyer avec une poire ou une bombe d'air comprimé, puis avec un gros pinceau à maquillage en petit-gris, acheté en parfumerie.

• Si l'objectif est gras et sale, fabriquez un « fouloir » avec une boule de coton à démaquiller enveloppée dans une feuille de papier spécial optique (Kodak). N'utilisez jamais de papier pour verres de lunettes, contenant un nettoyant à base de silicones.

• Versez avec précaution une ou deux gouttes de liquide du genre « Ajax vitres » sur la surface et essuyez-les aussitôt avec un mouvement circulaire, sans appuyer.

• Répétez éventuellement cette opération pour obtenir une surface exempte de traces d'essuyage.

L'achat du matériel d'occasion

• Examinez l'aspect extérieur de l'objet pour déterminer si son propriétaire a été soigneux (rayures, chocs, rouille). Vérifiez l'état des vis : si elles sont abîmées, les démontages ont été maladroits.

• Portez une attention particulière à l'optique (miroir taché, lentilles d'aspect opaque...). Examinez cette optique sous une forte lampe (mais pas sous un tube fluo) : vous découvrirez immédiatement la moindre rayure.

• Testez les commandes manuelles (douceur, onctuosité ou jeu excessif) et la crémaillère (sécheresse ou broutage, à éviter).

• Essayez le moteur et l'électronique, s'il y a lieu.

• Vérifiez si l'instrument est livré avec ses accessoires d'origine (oculaires, renvoi, Barlow, redresseur...).

• Demandez la facture pour connaître l'âge réel et le prix à l'origine.

• Surtout, essayez l'instrument, même de jour, en pointant un reflet du Soleil sur une bille de verre à une cinquantaine de mètres, et voyez si, avec un fort grossissement, vous obtenez l'image de diffraction.

Pour conclure, sachez que les instruments exceptionnels ne se revendent qu'entre initiés... ou se gardent. Mais il en existe beaucoup d'autres qui feront votre bonheur.

sons : d'une part, beaucoup d'amateurs revendent rapidement un instrument pour acquérir le diamètre supérieur, plus performant ; d'autre part, trop de curieux achètent un télescope sur un caprice : ne sachant pas l'utiliser, ils revendent leur instrument devenu... encombrant !

Les instruments proposés sont assez chers par rapport au neuf, mais ils sont souvent offerts avec des accessoires achetés en option. D'éventuelles affaires sont donc possibles.

Récapitulatif des formules utiles

• Grossissement d'un oculaire sur une lunette ou sur un télescope :

$$G = \frac{F}{f} \quad \text{ou} \quad \frac{D}{d}$$

si F = longueur focale de l'objectif,
f = longueur focale de l'oculaire,
D = diamètre de l'objectif,
d = diamètre du cercle oculaire.

• Pouvoir séparateur :
théorique Ps = 12 : D,
pratique Ps = 30 : D.
Ps en secondes d'angle (").
D = diamètre de l'objectif.

• Focale résultante d'un oculaire à deux lentilles :

$$f = \frac{[\,f_1 \times f_2\,]}{f_1 + f_2 - e}$$

Guide astrophotographique

Objet	Instrument	Rapport f/D	Sensibilité du film	Temps de pose
Traînées d'étoiles	Appareil photo à pose B,. immobile	Ouverture maximale	200 à 4100 ISO	15 min à 1 h
Étoiles filantes	*id.*	Ouverture maximale	400 ISO	15 min
Satellites artificiels	*id.*	*id.*	200 à 400 ISO	Durée du passage
Aurores boréales	*id.*	*id.*	200 ISO	10 s à 2 min
Lune	Téléobjectif, lunette ou télescope avec projectif	Voir tableau spécial Lune	50 à 100 ISO	1/200 s à 1s Voir p. 93
Soleil	Boîtier + lunette ou télescope	f/32 ou plus fermé	20 à 50 ISO + filtres et diaphragme	= 1/1000 s. avec obturateur à rideau
Planètes	Lunette ou télescope avec projectif	Grandes focales résultantes	100 à 200 ISO	Voir p. 130
Constellations et champs stellaires	Téléobjectif sur équatorial-planchette ou en piggy-back	Ouverture maximale	200 à 400 ISO	10 à 20 min avec entraînement équatorial guidé
Objets diffus (amas et nébuleuses)	Téléobjectif en piggy-back ou sur équatorial-planchette	f/8 ou plus ouvert	400 ISO film hyper-sensibilisé	10 à 20 min passage avec entraînement équatorial guidé
Comètes	Télescope au foyer	*id.*	*id.*	*id.*

f_1 = longueur focale de la 1re lentille,
f_2 = longueur focale de la 2e lentille,
e = intervalle entre les lentilles.

• Pupille de sortie (ou cercle oculaire) :
p = D / G
D = diamètre de l'objectif,
G = grossissement de l'oculaire.

• Grandissement (ou coefficient d'amplification en astrophotographie) :

$$g = \frac{t}{f} - 1$$

g = grandissement (en « fois »),
t = tirage mesuré en mm et imposé par la longueur du raccord/photo,
f = focale de l'oculaire en mm.

Apprenez à développer vos films

Il semble nécessaire que vous appreniez à développer vous-même vos clichés astronomiques en noir et blanc. Les professionnels travaillant en laboratoire, contraints de standardiser leur technique

Angles de champ des objectifs 24 x 36 courants

Focale	Diagonal	Horizontal	Vertical	Échelle 1 mm
28 mm	74°	64°	45°	1°46′30″
35 mm	62°	53°	37°	1°20′50″
50 mm	46°	39°	26°	1°05′00″
105 mm	23°20′	19°30′	13°	1°32′30″
135 mm	18°	15°	10°	0°25′00″
200 mm	12°20′	10°20′	6°50′	0°17′10″
300 mm	8°10′	6°50′	4°30′	0°11′23″
400 mm	6°10′	5°10′	3°30′	0°08′45″
500 mm	4°36′	3°54′	2°36′	0°06′30″
700 mm	3°35′	3°0′	2°0′	0°05′00″
1 000 mm	2°18′	1°57′	1°18′	0°03′15″
1 200 mm	2°	1°40′	1°10′	0°02′50″

La colonne « Échelle » exprime la mesure angulaire d'un millimètre sur le cliché pour la focale donnée.
(Exemple : avec un téléobjectif de 135 mm, 1 mm sur le cliché représente 25′ d'angle sur le ciel).

Ce que l'on peut voir …

Diamètre de l'instrument en mm	Jumelles 30 à 40 G = 7 x à 10	Longues-vues sur pied 40 à 50 G = 20 x à 30 x
Soleil (par projection)	Rien !… (dangereux même avec un verre noir). Difficile par projection sur un écran	Taches et rotation (rotation apparente après plusieurs jours)
Lune	Grands cirques, vastes plaines grises, rayonnements blancs. Lumière cendrée	Ombre des montagnes. Cratères des cartes courantes. Vallée des Alpes. Grands ensembles de cirques
Jupiter	Aspect planétaire (gros point brillant). 4 satellites galiléens (= petits points discrets)	Aplatissement du disque. Mouvements des 4 satellites galiléens
Saturne	Visible comme une « grosse étoile »	Anneaux visibles quand ils sont très ouverts (= silhouette en olive)
Vénus	Très exceptionnellement : fin croissant (avec G = 10 x)	Croissant au voisinage de la conjonction inférieure
Mars	Visible comme une étoile orangée	Un petit confetti orangé…
Autres astres	Comètes : recherche, étude de l'aspect général. Recherche de Mercure au levant et au couchant. Recherche d'Uranus (carte)	Comètes : recherche, étude…
Ciel étoilé	Voie lactée (champs d'étoiles). Les Pléiades, les Hyades, la Crèche, la nébuleuse d'Orion, la galaxie d'Andromède, quelques objets diffus (s'ils sont assez lumineux) comme M 16	Amas ouverts et globulaires. Étoiles doubles jusqu'à 10″ d'écartement.

Les positions des planètes, mois par mois, sont précisées dans les éphémérides des revues d'astronomie et généralement représentées sur des cartes écliptiques contenant les constellations zodiacales et leurs voisines. Les amas d'étoiles, les nébuleuses et les galaxies indiquées ici figurent sur toutes les cartes destinées aux amateurs et dans le Multiguide Bordas *Observer le ciel à l'œil nu et aux jumelles.*

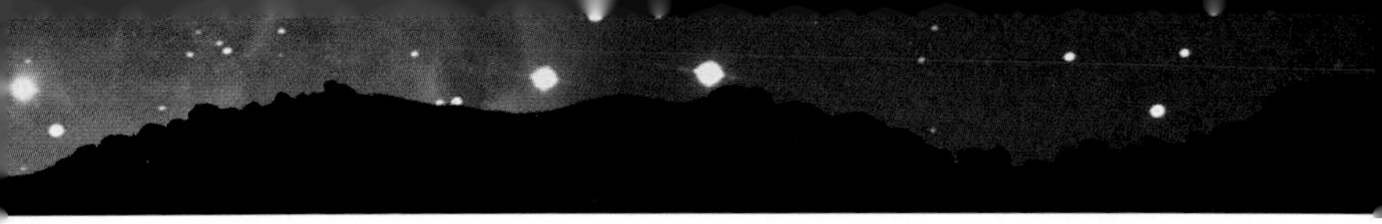

… avec un instrument selon son diamètre

Petites lunettes 60 à 75 G = 100 x à 120 x	**Petits télescopes 100 à 120 G = 150 x à 200 x**
Pénombre autour des taches, facules étendues	Changements quotidiens dans les taches, filaments
Grandes rainures. Mur droit. Ondulations des « mers » Détails en éclairage rasant. des chaînes montagneuses	Fines rainures. Détails à l'intérieur des cirques (arène de Platon). Maculatures légèrement colorées à la Pleine Lune
Bandes nuageuses parallèles à l'équateur. Éclipses des satellites	Détails fins dans les bandes permettant de mesurer la durée de rotation (9 h 50 min). Étude des variations de détails (très difficile). Tache rouge (habituellement rose)
Un satellite : Titan. Division de Cassini. Aplatissement du globe	3 ou 4 satellites (Titan, Japet, Rhéa, Téthys). Ombre des anneaux sur la planète. Taches floues et vagues sur le disque
Suivi des phases Aucun détail	Très rarement, taches sombres vers le centre du disque et irrégularités dans la phase
Une calotte polaire visible comme un point blanc lors des oppositions. Objet difficile, souvent décevant	Grandes taches sombres (Syrtis Major, Sinus Meridiani, Sinus Sabaeus, Mare Acidalium). Rotation. Phase légère aux quadratures.
Mercure : phases. Uranus : point terne et flou. Comètes : étude de la tête avec le plus faible grossissement possible	Mercure : très exceptionnellement, taches grises. Neptune : très petit disque bleu-vert pâle (difficile à trouver). Pluton est invisible
Nébuleuses Oméga (ou du Fer à Cheval) Trifide, du Lagon, M 78 et M 27. Étoiles doubles jusqu'à 5″ d'écartement	Galaxies M 33, M 51 (Chiens de Chasse) et M 81. Nébuleuses planétaires : Dumb-Bell, Hélix, du Crabe, annulaire de la Lyre. Étoiles doubles jusqu'à 2″ d'écartement

Ces objets faibles et diffus doivent être recherchés par nuit sombre transparente et sans clair de Lune, loin des lumières parasites et après accoutumance de la vue à l'obscurité (un quart d'heure suffit…). Objets souvent décevants dans les petits instruments. Utiliser toujours l'oculaire le plus faible : c'est le plus lumineux et celui qui présente le plus grand champ… Seuls les clichés à longue pose peuvent en révéler l'exceptionnelle richesse et les détails spectaculaires. G = Grossissement, x = fois.

Échelle des images

Longueur focale de l'objectif en cm	5	10	15	20	30	50	100	120	200
1 degré sur le ciel mesure en mm sur le cliché	0,9	1,7	2,6	3,5	5,3	8,7	17,4	21	34,8
1 mm sur le cliché correspond à (′)	65′	32′	23′	17′	11′	7′	3,4′	3′	1,7′
Diamètres de la Lune ou du Soleil en mm au foyer	0,5	0,9	1,3	1,8	2,6	4,4	8,8	10,8	18

Exemple : avec un télescope de 120 cm de longueur focale, 1 degré sur le ciel mesure 21 mm sur un cliché ; 1 mm sur ce cliché correspond à 3′ d'angle sur le ciel et le diamètre de la Lune ou du Soleil mesure 10,8 mm au foyer.

de développement et de tirage pour des raisons de rentabilité, risquent de ne pas apporter à vos films toute l'attention souhaitée. En astrophoto, ils sont encore plus débutants que vous…

Un développement standard donne des résultats assez corrects, mais le tirage sur papier doit être réalisé dans des conditions particulières. Dans un cliché astro, il n'y a souvent que du blanc ou du noir, presque sans demi-teintes. Vous tirerez alors sur un papier doux pour accentuer encore les caractéristiques du négatif. Un bon cliché sera celui où les traînées d'étoiles seront parfaitement blanches et le fond du ciel, intensément noir.

Si vous développez vous-même les films, vous utiliserez des révélateurs « extrêmes » à grain très fin et/ou à grand contraste. Souvent, il faudra surdévelopper. Par ailleurs, si vous procédez à des essais, chose souvent indispensable en astrophoto, il sera utile de connaître immédiatement les résultats.

Vous consulterez avec profit certains ouvrages spécialisés sur le développement des films et le tirage des épreuves.

Puissance de la lunette-guide

Focale* en mm	G mini	G optimal
600	48 x	120 x
700	56 x	140 x
900	72 x	180 x
1 000	80 x	200 x
1 200	96 x	240 x
1 500	120 x	300 x
2 000	160 x	400 x
2 800	224 x	560 x

* La focale de la lunette-guide doit être au moins aussi longue que celle de l'instrument principal. Une focale supérieure est préférable.

Les tirages en noir et blanc réalisés d'après du TP 2415 ou T-Max permettent d'obtenir une finesse et une richesse incomparables par rapport à celles des films couleur, handicapés par leurs différentes couches sensibles « empilées ». Toutefois, si vous hésitez devant l'investissement d'un agrandisseur, il vous reste une solution : ne prenez que des diapos et faites tirer les meilleures sur papier inversible. Ces tirages étant réalisés en machines automatiques, les résultats seront à peu près conformes à la diapo originale. Les tirages ainsi obtenus sont généralement satisfaisants, excepté ceux des clichés planétaires. Mais les amateurs possédant une petite expérience photographique préféreront tirer leurs épreuves dans leur labo personnel. On est toujours mieux servi par soi-même.

Tolérance de guidage donnant un filé de 0,04 mm* sur le négatif

Focale de l'objectif en mm	Filé de 0,04 mm Tolérance en secondes d'arc
50	165″
135	61″
200	41″
300	28″
400	21″
500	17″
700	11″
1 000	8″
1 500	6″
2 000	4″

* 0,04 mm est la dérive maximale acceptable sur le négatif.

L'alphabet grec servant à désigner les étoiles (lettres minuscules)

α	alpha	ν	nu
β	bêta	ξ	xi
γ	gamma	ο	omicron
δ	delta	π	pi
ϵ	epsilon	ρ	rhô
ζ	dzêta	σ	sigma
η	êta	τ	tau
θ	thêta	υ	upsilon
ι	iota	φ	phi
κ	kappa	χ	chi
λ	lambda	ψ	psi
μ	mu	ω	oméga

Carnet d'adresses

Voici quelques adresses indispensables à tout astrophile, débutant ou spécialiste, désireux de développer et de partager sa passion. Les clubs ou associations d'astronomie favorisent les contacts et les échanges d'idées, et les planétariums ainsi que la visite des grands observatoires initient les plus jeunes.

Sociétés

France

Il existe trois grandes sociétés et associations nationales d'astronomes amateurs.

• Association française d'astronomie (AFA), 17, rue Émile-Deutsch-de-la-Meurthe, 75014 Paris.
Tél. : 01 45 89 81 44.
• Société astronomique de France (SAF), 3, rue Beethoven, 75016 Paris.
La SAF administre l'observatoire de la Sorbonne (17, rue Saint-Jacques, 75005 Paris).
Tél. : 01 42 24 13 74.
http://www.iap.fr/saf
• Société d'astronomie populaire (SAP), 1, av. Camille-Flammarion, 31500 Toulouse.
Tél. : 05 61 58 42 01.
http://www.astrosurf.com/sap

Belgique

• Société royale belge d'astronomie, de météorologie et de physique du Globe, av. Circulaire 3, B-1180 Bruxelles.
Tél. : (32) 2 3730 611.
http://oma.be/BIRA-IASB/SRBA
• Société astronomique de Liège, av. de Cointe 5, B-4000 Liège.
Tél. : (32) 4 2533 590.
http://astro.ulg.ac.be/~sal

Canada

• Société d'astronomie de Montréal, CP 206, Station Saint-Michel, H2A 3L9 Montréal.
Tél. : (1) 514 845 26 12.
http://www.cam.org/~sam
• Royal Astronomical Society of Canada, 136 Dupont Street, ON M5R 1V2 Toronto.
Tél. : (1) 416 924 79 73.
http://www.rasc.ca

Suisse

• Société astronomique de Genève, 6, rue des Terreaux-du-Temple, CH-1211 Genève.
Tél. : (41) 22 738 33 22.
http://www.astrosurf.com/sag
• Société vaudoise d'astronomie, 8, chemin des Grandes-Roches, CH-1018 Lausanne.
Tél. : (41) 21 64 66 333.
• Société astronomique du Haut-Léman, c/o A. Bollschweiler, 13, rue du Conseil, CH-1800 Vevey.
Tél. : (41) 21 92 15 523 ou 27 995.

Associations et clubs nationaux

On dénombre en France entre 500 et 800 clubs d'astronomie et associations départementales ou régionales, beaucoup étant rattachés à un établissement scolaire ou à une Maison des Jeunes.

Vous trouverez leurs adresses en prenant contact avec les sites nationaux (AFA ou SAF) ou en vous procurant l'IDAAS (International Directory of Astronomical Associations and Societies) auprès du Centre de données de Strasbourg (observatoire de Strasbourg, 11, rue de l'Université, 67000 Strasbourg). On peut aussi consulter les répertoires de clubs d'astronomie francophones sur Internet.
• http://www.cieletespace.fr
• http://www.astrosurf.com/spacenews/clubs.html

Planétariums

Nous donnons ci-dessous une liste de quelques planétariums. Il en existe aussi de nombreux petits autres, qui ne sont pas répertoriés ici. Généralement bien équipés, ils appartiennent à des clubs ou à des associations d'astronomes amateurs. Une liste peut être obtenue auprès de l'Association des planétariums de langue française (rue de l'Observatoire, 67000 Strasbourg. Tél. : 03 88 36 12 51).

France

• Planétarium de Nançay, Observatoire radioastronomique, 18300 Nançay. Tél. : 02 48 20 08 62.
• Planétarium de la Cité de l'espace, BP 5855, 31506 Toulouse Cedex. Tél. : 05 62 71 64 80.
• Planétarium du Palais de la découverte, av. Franklin-Roosevelt, 75008 Paris. Tél. : 01 56 43 20 20.
• Planétarium de La Villette, Cité des sciences et de l'industrie, 30, av. Corentin-Cariou, 75019 Paris. Tél. : 01 40 05 70 22.

Belgique

• Planétarium Heysel, av. de Bouchout 10, B-1020 Bruxelles. Tél. : (32) 2 4747 060.

Canada

• The Dow Planetarium, 1000, rue Saint-Jacques-Ouest, H3C 1G7 Montréal. Tél. : (1) 514 872 45 30.

Suisse

• Planétarium de Genève, 4, rue Saint-Victor, CH-1206 Genève. Tél. : (41) 23 46 17 41.
• Planétarium de Zurich, Feldblumenweg, 41, CH-8048 Zurich. Tél. : (41) 14 32 53 35.

Visites d'observatoires professionnels

La plupart de ces observatoires organisent des visites à l'intention du public, mais celles-ci ont lieu de jour, et il n'est pas possible d'effectuer des observations à l'aide des instruments présentés. Renseignez-vous bien à l'avance.

• Observatoire de Haute-Provence, 04870 Saint-Michel-l'Observatoire. Tél. : 04 92 70 64 00.
• Observatoire du Cerga, plateau de Calern, 06460 Caussols. Tél. : 04 93 40 54 54.
• Observatoire de Nice, Mont Gros, 06000 Nice. Tél. : 04 92 00 30 11.
• Centre de radioastronomie de Nançay, 18330 Nançay. Tél. : 02 48 51 82 41.
• Observatoire du pic du Midi, 65200 Bagnères-de-Bigorre. Tél. : 05 62 91 90 33.
• Observatoire de Paris, 61, av. de l'Observatoire, 75014 Paris. Tél. : 01 40 51 22 21. http://www.obspm.fr/admin/visites/accueil.fr.shtml
• Observatoire de Meudon, 5, place Janssen, 92195 Meudon Cedex. Tél. : 01 45 07 74 86.

Bibliographie

Livres

Astronomie générale et pratique

- *À l'affût des étoiles,* J. Lacroux et P. Bourge (Dunod).
- *Astronomie, le guide de l'observateur,* P. Martinez (SAP).
- *Le Ciel en 2003 à l'œil nu,* G. Cannat (Nathan).
- *Découvrir le ciel,* H. Burillier (Bordas).
- *Découvrir la Lune,* J. Lacroux et C. Legrand (Bordas).
- *Dictionnaire de l'astronomie et de l'espace,* P. de La Cotardière et J.-P. Penot (Larousse).
- *Le Grand Atlas des étoiles,* S. Brunier (Bordas).
- *Le Grand Livre du ciel,* sous la direction de P. de La Cotardière et de R. Ferlet (Bordas).
- *Le Guide du ciel,* P. de La Cotardière (Bordas).
- *Le Guide du ciel,* G. Cannat (Nathan).
- *Guide du matériel d'astronomie,* H. Burillier et C. Lehénaff (Bordas).
- *Observer le ciel à l'œil nu et aux jumelles,* P. Bourge et J. Lacroux (Bordas).
- *Observer le ciel en ville,* D. Berthier (Bordas).
- *Observer les éclipses de Soleil et de Lune,* P. de La Cotardière (Bordas).
- *Observer Mars,* S. Brunier (Bordas).
- *Voyage dans le système solaire,* S. Brunier (Bordas).

Manuel de construction d'un télescope

- *Fabriquer votre télescope,* J.-M. Lecleire (Éd. J.-M. Lecleire).

Techniques d'astrophotographie

- *Observer et photographier le système solaire,* H. Burillier et C. Lehénaff (Bordas).
- *La Photographie astronomique à grand champ,* J.-L. Heudier (Masson).
- *La Photographie du ciel,* H. Burillier et C. Lehénaff (Éd. Burillier).

Revues

En français

Dans ces diverses revues, l'amateur trouvera des informations générales et les indispensables éphémérides pour préparer ses futures observations.

- *L'Astronomie,* bimestriel publié par la SAF, par correspondance (articles de fond et d'un haut niveau scientifique écrits par des professionnels).
- *Astronomie Magazine,* mensuel dédié à l'astronomie pratique amateur, en kiosque et par abonnement (articles d'initiation, techniques instrumentales, niveau adapté à l'amateur).
http://pro.wanadoo.fr/astronomie.magazine
- *Ciel et Espace,* mensuel publié par l'AFA, en kiosque et par abonnement (chroniques de l'actualité scientifique).
http://www.cieletespace.fr

En anglais

- *Astronomy,* en magasin spécialisé (Kalmbach Publishing).
http://www.kalmbach.com/astroastronomy.html
- *Sky and Telescope,* en kiosque et par abonnement (Sky Publishing Corporation).
http://www.skypub.com

Cartes et atlas

Les cartes et atlas cités sont disponibles soit directement chez l'éditeur original, soit dans les librairies spécialisées et chez les revendeurs de matériel astronomique, notamment à la Maison de l'astronomie (33-35, rue de Rivoli, 75004 Paris. Tél. : 01 42 77 99 55).
S'adresser à World Data (10, rue Nicolas-Flamel, 75004 Paris. Tél. : 01 42 78 05 78), pour les publications en anglais.

Pour les débutants

- *Carte du ciel Hallwag,* planisphère céleste, deux hémisphères de 60 cm de diamètre qui indiquent la position des amas, galaxies et nébuleuses remarquables (Hallwag).

• *Miniciel,* la plus simple des cartes célestes mobiles donnant l'aspect du ciel à la date et à l'heure choisies par l'observateur (Éd. Bonnefoy, 61560 La Mesnière).
• *Planiciel,* carte céleste tournante encore plus complète (J. Villette, 625, bd des Lucioles, Anthéor, 83700 Saint-Raphaël. Tél. : 04 94 44 80 66).

Pour les amateurs plus avancés

• *Atlas Verhenberg, the Handbook of Constellations* (Verhenberg).
• *Cambridge Star Atlas,* O.-W. Tirion (Cambridge University Press).
En français : *Atlas du ciel 2000* (Broquet).
• *Cartes du ciel boréal et austral,* format 44 x 56 cm, 1 500 objets accessibles aux petits instruments (P. Bourge, voir adresse ci-dessus).
• *Cartes Sirius,* carte tournante très complète avec guide d'utilisation (Hallwag).
• *Photo-guide du ciel nocturne,* M.-R. Chartrand (Delachaux et Niestlé).
• *Sky Atlas 2000* (Sky Publishing).

Cartes de la Lune

• Carte de la Lune jointe à l'ouvrage *Découvrir la Lune,* J. Lacroux et C. Legrand (Bordas).
• *Carte de la Lune au dix-millionième* (IGN).
• *Atlas de la Lune,* A. Rükl (Gründ).

Carte de Mars

• *Observer Mars,* S. Brunier (Bordas).

Éphémérides astronomiques

• *Éphémérides astronomiques,* Bureau des Longitudes (Masson).
• *Éphémérides de la Société astronomique de France.*
• *Le Guide du ciel,* G. Cannat (Nathan).

Sites Internet

Agences spatiales

• http://www.esrin.esa.it/htdocs/esa/esa.html (Agence européenne d'astronomie, ESA).
• http://www.nasa.gov (NASA).

Matériel astro

• http://www.members.aol.com/raycash/sidewalk.html (le site officiel des constructeurs de télescopes Dobson).
• http://www.maison-astronomie.com (le site de la Maison de l'astronomie, Paris).
• http://www.medas.fr
• http://www.optique-unterlinden.com/index.html

Musées

• http://www.cite-sciences.fr (Cité des sciences et de l'industrie, Paris).
• http://www.palais-decouverte.fr (Palais de la découverte, Paris).

Sites Internet divers

• http://www.iap.fr (Institut d'astrophysique de Paris, IAP).
• http://www.bdl.fr (Bureau des longitudes, pour le calcul des éphémérides).
• http://www.astrosurf.com (portail pour astronomes amateurs).
• http://www.scopereviews.com/begin.html (conseils, bancs d'essais d'instruments).
• http://mesola.obspm.fr (site solaire de Paris-Meudon).
• http://www.weatherman.com (site génial de Todd Gross, le monsieur Météo américain. Portail incontournable).
• http://sunearth.gsfc.nasa.gov/eclipse/eclipse.html (le site de Fred Espenak, l'un des plus grands chasseurs d'éclipses solaires).
• http://www.astrocam.org (tout pour faire de la photo astro avec une webcam).
• http://antwrp.gsfc.nasa.gov/apod/archivepix.html (l'une des plus grandes galeries de photos astro. À visiter absolument !).

Index

Légendes des photos d'ouverture de parties

p. 8 : Astronomes amateurs, photomontage.
p. 54 : Une éclipse de Soleil, photographiée par la technique du chapelet.
p. 88 : Étoiles filantes.
p. 174 : Miniature de Jean Cordichon. *Le Livre des propriétés des choses. Des propriétés du ciel*, XIVe siècle (Bibliothèque municipale de Reims).

Crédits photographiques

Les photos de l'ouvrage sont de Denis Berthier à l'exception des photos suivantes : P. 8-9 : Aubin / Birnbaum - A. Fujii / Ciel et Espace – p. 50 : Catalogue Meade – p. 51 : Catalogue Meade – p. 54 : Y. et G. Delaye / Ciel et Espace – p. 61 hd : J. Pakhomoff – p. 64 : R. Lacrampe – p. 83 : G. Therin – p. 88 : A. Fujii / Ciel et Espace – p. 91 : L. L. Vlamertinge – p. 92 : Dr Becker – p. 94 : G. Therin – p. 95 : Dr Becker – p. 98 d : G. Therin – p. 98 g : Dr Becker – p. 101 : L. L. Vlamertinge – p. 103 : Ph. Guillery – p. 105 : M. Larguier – p. 106 : O. Sauzereau / Ciel et Espace – p. 110 : C. Lehénaff – p. 113 : F. Espenak / Ciel et Espace – p. 114 : J. Silvain – p. 117 : S. Koutchny / SAF / CNRS – p. 118 : D. Lefebvre / SAF – p. 127 : J. Grenier – p.128 : S. Brunier – p. 130 : G. Therin – p. 131 : P. Moisy – p. 135 : J. Silvain – p. 138 : S. Brunier – p. 140 : A. Fujii / Ciel et Espace – p. 141 : A. Schnuriger – p. 142 : G. Therin – p. 145 : N. Grosso – p. 149 : P. Costi et R. Monier – p. 157 : C. Arsidi – p. 158 : M. Muller – p. 167 : A. Schnuriger – p. 168 : J. Silvain – p. 169 : J.-L. Schafer – p. 172 : A. Fujii / Ciel et Espace – p. 173 : Catalogue Meade.

Imprimé en France en avril 2003 par Mame à Tours
N° de projet : 10104061